Craft Beer Bible

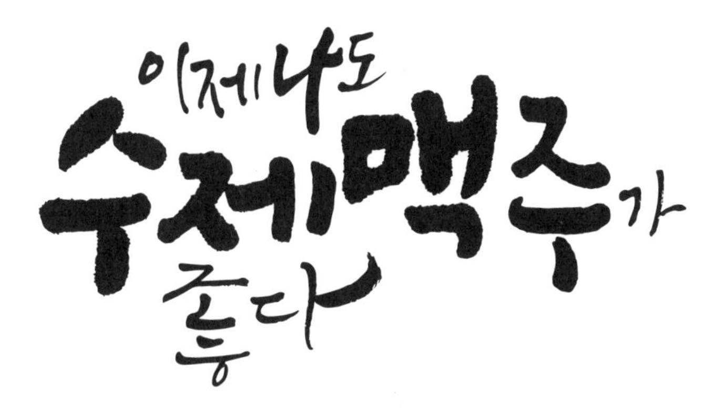

Craft Beer Brewing Master
이재훈 · 이원옥 공저

(주)백산출판사

Craft Beer
Bible

책을 내며

필자는 음료에 대한 오랜 경험을 바탕으로 다양한 음료 개발을 위해 노력해왔다. 시대에 따라 다양한 음료가 소비자의 구매욕구에 부응하였으며 특정 소비자에게만 인기가 있었던 수제맥주(craft beer)는 이제 일반화되는 것이 현실이다.

기존의 국내 맥주는 특정 회사의 일률적인 라거(lager)로 그동안 소비자의 다양한 맥주 선호에 부응하지 못했다고 볼 수 있다.

필자는 맥주 맛의 다양화를 추구하는 소비자의 니즈(needs)와 원츠(wants)를 파악하고 개성 있는 맥주를 만들고자 노력하였다. 따라서 이 책은 음료의 기초 지식을 바탕으로 수제맥주를 만들 수 있는 방법을 소개하였다. 여기에서 제시하는 내용대로 학습한다면 수제맥주 전문가의 소양을 갖출 수 있을 것이다.

이 책은 크게 세 부분으로 나누어 구성하였다.

첫째, 맥주는 음료인가라는 질문과 함께 음료와 맥주에 대한 기초 지식을 다루었다.

둘째, 직접 수제맥주 만드는 실전 내용을 소개하였다.

셋째, 직접 만든 수제맥주 및 다양한 종류의 맥주를 맛보고 즐기는 방법에 대하여 설명하였다.

그러나 이 한 권의 책으로 수제맥주의 세계를 모두 이해하긴 부족할 것이다. 이 책을 기초로 하여 다양한 분야의 맥주 관련 공부를 한다면 한국을 대표하는 세계적인 맥주의 탄생도 가능할 것이라 생각한다.

가고자 하면 갈 방법과 길을 찾게 될 것이다.

우리가 가면 곧 길이 될 것이다.

수제맥주 세계의 새로운 길을 여러분과 함께 만들어가고자 한다.

저자 씀

CONTENTS

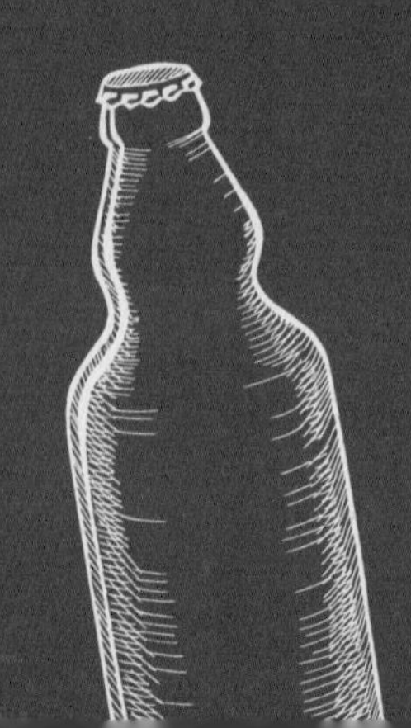

제 6 장

꼴깍꼴깍 수제맥주 맛보기

제 7 장

이제 나도 브루펍 CEO

제 8 장

다양한 수제맥주 레시피

제 9 장

맥주 따라 세계여행

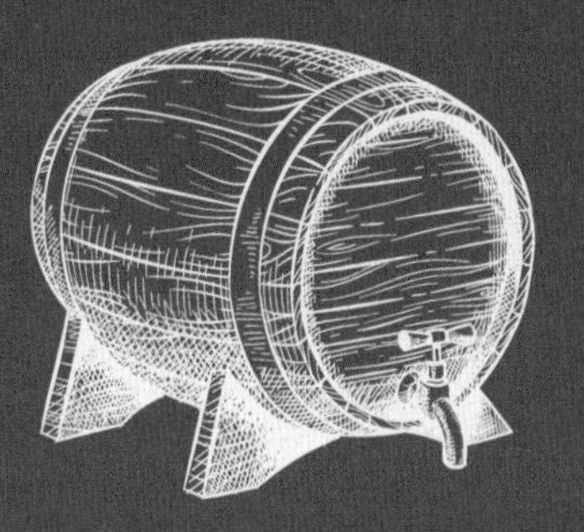

Craft Beer Bible

제1장

맥주는 음료인가?

1 음료의 유래와 분류

1.1 음료(Beverage)의 유래

인류 최초의 음료(Beverage)는 물로써. 옛날 사람들은 아마 이런 순수한 물을 마시며 그들의 갈증을 달래고 만족하였을 것이다. 그러나 세계 문명의 발상지로 유명한 티그리스(Tigris)강과 유프라테스(Euphrates)강의 풍부한 수역에서도 강물이 더러워 강 유역 일대의 주민들이 전염병의 위기에 처해 있을 때, 강물을 독자적인 방법으로 가공하는 방법을 배워 안전하게 마셨다고 전해지듯이 인간은 오염으로 인해 순수한 물을 마실 수 없게 되자 색다른 음료를 연구할 수밖에 없었다.

봉밀에 물을 타서 마신 것이 음료의 시초

음료에 관한 고고학적(考古學的) 자료가 없기 때문에 정확히는 알 수 없으나 자연적으로 존재하는 봉밀(蜂蜜)을 그대로 혹은 물에 약하게 타서 마시기 시작한 것이 그 시초라고 추측한다.

봉밀

고대 이집트 벽화
맥주 마시고 토하는 모습
술 취한 친구를 집에 데려가는 모습

1919년에 발견된 스페인 발렌시아(Valencia) 부근의 아라니아라고 하는 동굴 속에서 약 1만년 전의 것으로 추측되는 암벽의 조각에는 한 손에 바구니를 들고 봉밀을 채취하는 인물 그림이 있다. 다음으로 인간이 발견한 음료는 과즙(果汁)이라 한다. 고고학적 자료로써 BC 6000년경 바빌로니아(Babylonia)에서 레몬(Lemon) 과즙을 마셨다는 기록이 전해지고 있다. 그 후 이 지방 사람들은 밀빵이 물에 젖어 발효된 맥주를 발견해 음료로써 즐겼으며, 중앙아시아 지역에서는 야생 포도가 쌓여 자연 발효된 포도주를 발견하여 마셨다고 한다.

고대 이집트 벽화-곡물로 술을 담그는 모습

인간이 탄산음료를 발견하게 된 것은 자연적으로 솟아 나오는 천연 광천수를 마시게 된 데서 비롯된다. 어떤 광천수는 보통 물과 달라서 인체나 건강에 좋다는 것을 경험으로 알게 되어 병자에게 마시게 했다고 전해진다.

탄산음료의 발견

기원전 그리스(Greece)의 기록에 의하면 이러한 광천수의 효험에 의해 장수한 것으로 전해지고 있다. 그 후 로마(Rome)시대에는 이 천연 광천수를 약용했다고 한다. 약효를 믿고 청량한 맛은 알게 되었으나 그것이 물속에 함유된 이산화탄소(CO_2) 때문이란 것은 발견하지 못했었다. 탄산가스의 존재를 발견한 것은 18C경 영국의 화학자 'Joseph Pristry'이며, 그는 지구상의 주요 원소 중 하나인 산소의 발견자로서 과학사에 눈부신 업적을 남겼다. 탄산가스의 발견이 인공탄산음료 발명의 계기가 되었고 그 후 청량음료(Soft Drink)의 역사에 크게 기여하게 되었다고 할 수 있다. 또한 인류가 오래전부터 마셔온 음료로 유(乳)제품이 있다.

목축을 하는 유목민들은 양이나 염소의 젖을 음료로 마셨다고 한다. 현대인들 누구나가 즐겨 마시는 카파(Caffa)도 AD 600년경 예멘(Yemen)에서 한 양치기에 의해 발견되어 약재와 식료 및 음료로 쓰이면서 홍해 부근의 아랍 국가들에게 전파되었고 1300년경에는 이란(Iran)에, 1500년경에는 튀르키예(Turkiye)까지 전해졌다.

인류가 음료에 있어서 향료에 관심을 갖게 된 것은 그리스(Greece)나 로마(Rome)시대부터라고 전해지고 있으나 의식적으로 향료를 사용하게 된 것은 중세기경으로 십자군의 원정이나 16C경부터 시작된 남양(南洋) 탐험으로 동양의 향신(香辛)을 구하게 된 것이 그 동기가 되었다.

그 당시에는 초근목피(草根木皮)에 함유된 향신료(Spice and Bitter)를 그대로 사용하였으나 18C에 와서 과학의 발달과 함께 천연향료나 합성향료가 제조되기 시작하였다. 그리하여 19C에 들어와 식품공업이 크게 발전하고 제품의 다양화와 소비자의 기호에 맞춘 여러 종류의 청량음료가 시장에 나오게 되었다. 그 외 알코올성 음료도 인류의 역사와 병행하여 많은 발전을 거듭하여 오늘에 이르렀고, 유(乳)제품을 비롯한 각종 과일 주스가 나오게 되면서 점점 다양화의 일로를 거쳐 현재에 이르게 된 것이다.

1.2 음료(Beverage)의 정의

우리 인간의 신체 구성 요건 가운데 약 70%가 물이라고 한다. 모든 생물이 물로부터 발생하였으며 또한 인간의 생명과 밀접한 관계를 가지고 있는 것이 물, 즉 음료라는 것을 생각할 때 음료가 우리 일상생활에 얼마나 중요한 것인가를 알 수 있다. 그러나 현대인들은 여러 공해로 인하여 순수한 물을 마실 수 없게 되었고 따라서 현대 문명 혜택의 산물로 여러 가지 음료가 등장하게 되어 그 종류가 다양해졌으며 각자 나름대로의 음료를 찾게 되었다.

향후 이러한 수질 오염의 흐름으로 간다면 음료를 만들기 위해 강원도, 충청도 북부, 경상도 북부지역인 봉화, 죽장 같은 청정 지역으로 음료 공장이 이동할 수도 있을 것이다.

주세법상 술이란

우리나라 주세법에 의하면 주류(酒類) 즉 술이란 '주정(酒精)과 알코올분 1% 이상을 함유하고 있는 음료'라고 정의하고 있다. 여기서 주정이란 과실이나 곡류를 양조하여 알코올분 85% 이상으로 증류한 것으로서 불순물이 함유되었거나 알코올분이 높아 직접 음용할 수는 없지만 정제하거나 희석하면 음용이 가능한 것을 말한다. 알코올분이란 원용량에 함유된 에틸알코올로서 원용량을 100% 기준으로 할 때 함유된 알코올성분을 말하는데 흔히 알코올 도수라고 하며, % 또는 ℃로 표시한다.

술의 영어표현은 'Alcoholic Beverage' 또는 'Hard Drink' 또는 리커(Liquor)라고 하며, 반면에 알코올이 들어 있지 않은 비알코올성 음료를 'Non-Alcoholic Beverage' 또는 'Soft Drink'라고 한다. 따라서 베버리지(Beverage)란 알코올성 음료와 비알코올성 음료를 포함하여 마실 수 있는 음료를 총칭하는 단어라 할 수 있다.

1.3 음료의 분류

음료(Beverage)란 크게 알코올성 음료(Alcoholic Beverage=Hard Drink)와 비알코올성 음료(Non-Alcoholic Beverage, Soft Drink)로 구분되는데 알코올성 음료는 일반적으로 술을 의미하며 양조주, 증류주, 혼성주로 나눈다. 비알코올성 음료는 청량음료, 영양음료, 기호음료로 나눈다.

맥주는 음료인가

위에서 설명한 것처럼 맥주는 알코올성 음료이다. 요즘 알코올이 1% 미만인 비알코올성 맥주(Non-Alcoholic Beer)도 판매되고 있다.

알코올성 음료

<table>
<tr><td rowspan="13">알코올성 음료</td><td rowspan="13">양조주 (Fermented)</td><td rowspan="9">와인</td><td>비발포성(Still) 와인</td><td>레드와인, 화이트와인, 로제와인</td></tr>
<tr><td rowspan="5">발포성(Sparkling) 와인</td><td>샹파뉴(Champagne) - 프랑스</td></tr>
<tr><td>뱅무쏘(Vin Mousseux) - 프랑스</td></tr>
<tr><td>스푸만테(Spumante) - 이탈리아</td></tr>
<tr><td>젝트(Sekt) - 독일</td></tr>
<tr><td>카바(Cava) - 스페인</td></tr>
<tr><td rowspan="2">주정강화(Fortified) 와인</td><td>포트(Port) - 포르투갈</td></tr>
<tr><td>셰리(Sherry) - 스페인</td></tr>
<tr><td>가향(Flavored) 와인</td><td>베르무스(Vermouth-Rosso, Bianco) - 이탈리아</td></tr>
<tr><td rowspan="2">맥주</td><td>상면발효 맥주</td><td>Ale, Porter, Stout</td></tr>
<tr><td>하면발효 맥주</td><td>Lager, Draft, Pilsner</td></tr>
<tr><td colspan="3">청주, 막걸리, 탁주</td></tr>
<tr><td colspan="3">양조식 곡주, 과실주</td></tr>
</table>

	증류주 (Distilled)	브랜디 (포도)	꼬냑(Cognac), 알마냑(Armagnac) - 프랑스
			과실 브랜디
		위스키 (곡물)	스카치 위스키 - 스코틀랜드
			아이리쉬 위스키 - 아일랜드
			캐나디안 위스키 -캐나다
			아메리칸 위스키 - 미국
		진, 보드카, 럼, 테킬라, 아쿠아비테, 키르쉬	
	혼성주 (Compounded)	종자(Seeds) Liqueur, 과실(Fruites) Liqueur, 식물(Plants) Liqueur	

알코올성 음료 - 전통주

전통주 진흥법상 구분	문화재주	무형문화재 보전 및 진흥에 관한 법률에 따라 인정된 국가무형문화재 보유자, 시·도무형문화재 보유자가 제조하는 주류
	명인주	식품산업진흥법에 따라 지정된 주류 부문의 식품명인이 제조하는 주류
	지역특산주	농업, 농촌 및 식품산업 기본법과 수산업, 어촌 발전 기본법에 따른 농업경영제, 어업경영제 및 생산자단체가 인접 특별자치시 또는 시, 군, 구에서 생산된 농산물을 주된 원료로 하여 제조하는 주류 중 농림축산식품부장관의 제조면허 추천을 받은 주류

비알코올성 음료

비알코올성 음료	청량음료 (Soft Drink)	무탄산음료	미네랄워터, 생수, 에비앙, 볼빅
		탄산음료	콜라, 스프라이트, 토닉워터, 칼린스 믹스, 진저에일, 소다수
	영양음료 (Nutritious)	과실, 채소 등 주스류	
		우유 및 살균, 발효 음료	
	기호음료 (Fancy Taste)	커피	Regular Coffee, Caffein Free Coffee
		차	녹차, 홍차, 인삼차 등

1.4 알코올 도수 표시

알코올(Alcohol) 농도라 함은 온도 15℃일 때의 원용량 100분 중에 함유되어 있는 에틸 알코올(Ethyl Alcohol)의 용량(Alcohol Percentage by Volume)을 말한다. 이러한 알코올 농도를 표시하는 방법은 각 나라마다 그 방법을 달리하고 있다. 영국식, 독일식, 미국식, 프랑스식 등이 있으며 세계적으로 가장 많이 사용되는 것은 미국식과 프랑스식이다.

미국의 술은 알코올 강도 표시(强度表示)로 프루프(Proof) 단위를 사용하고 있다. 15℃의 물을 0으로 할 때 순수 에틸 알코올(Ethyl alcohol)을 의미하며 %(℃)보다 주정도를 2배로 한 숫자로 100Proof는 주정도 50%(℃)라는 의미이다.

예) 90 Proof = 45℃(%)

소주(희석식)에는 물이 얼마나 들어 있을까

가장 많이 사용되는 도수법은 France의 게이 류사크(Gay Lussac)가 고안한 용량분율(Percent by volume)이며 용량분율은 온도 15℃일 때 원용량 100분 중에 함유되어 있는 에틸 알코올의 용량을 의미한다.

알코올 도수 표시

국가명	도수 표시	기준
한국, 프랑스, 독일	%	용량분율(원용량 100분 중에 에틸 알코올이 차지하는 용량(%)을 의미)
미국	Proof(Pf)	%보다 2배의 알코올 수치
	• 360ml 용량의 20% 소주에 함유된 알코올의 양 360*20/100=72ml 즉 360ml의 소주에 함유되어 있는 알코올의 양은 72ml	

맥주의 유래와 분류

2.1 맥주의 유래

맥주의 정확한 기원은 알 수 없다. 단지 맥주가 곡물을 원료로 사용한다는 점에서 인류가 정착하여 농사를 짓기 시작한 농경시대부터 만들지 않았을까 유추할 뿐이다. 맥주의 시초는 인간이 곡물을 이용해 술을 빚는 기술을 터득하면서부터일 것이다. 사냥과 수렵으로 연명하던 인류는 BC 5500년경 메소포타미아 지역에서 농경을 시작하면서 비로소 문명이라는 꽃을 피웠다. 인류 4대 문명의 발상지 중 하나인 메소포타미아 문명에서 맥주가 시작되었다는 역사적 기록이 있다.

맥주의 어원

맥주의 어원은 "마신다"는 의미의 라틴어 "비베레(Bibere)와 게르만민족의 언어인 곡물이라는 의미의 비오르(Bior)에서 유래되었다고 전해진다.

세계 여러 나라에서 맥주는 다음과 같이 불린다.

- 미국 : 비어(Beer)
- 독일 : 비어(Bier)
- 영국 : 에일(Ale)
- 프랑스 : 비에르(Biere)
- 체코 : 피보(Pivo)
- 러시아 : 피보(Pivo)
- 중국 : 페이주(비주)
- 스페인 : 세르베사(Cerveza)

- 이탈리아 : 비르라(Birra)
- 일본 : 비루(ビール)

메소포타미아 수메르인으로부터 시작

맥주는 BC 3000~6000년경 바빌로니아의 수메르인이 처음 만든 것으로 추정된다. 1953년 메소포타미아에서 발견된 한 비문(碑文)을 분석한 결과, 고대 바빌로니아에서 발효 원리를 이용해 만든 구운 빵을 갈아 물과 섞어서 맥주를 만들어 마셨다는 것이다. 이것이 가장 오래된 맥아 제조방법이다. 수메르인들은 보리와 밀로 빚은 술을 시카루(Sikaru)라고 불렀는데, 노동의 대가로 시카루를 지급받았고 세금을 맥주로 납부하였다.

수메르인의 왕국 멸망 후 메소포타미아 지역을 지배한 바빌로니아 왕국 역시 수메르인들처럼 일정량의 맥주를 국민에게 배급하였고, 그 양조 기술은 기원전 3000년경 이집트로 전파되었고, 고대 로마 · 그리스를 거쳐 기원전 1800년경에는 북유럽에까지 전해지게 되었다.

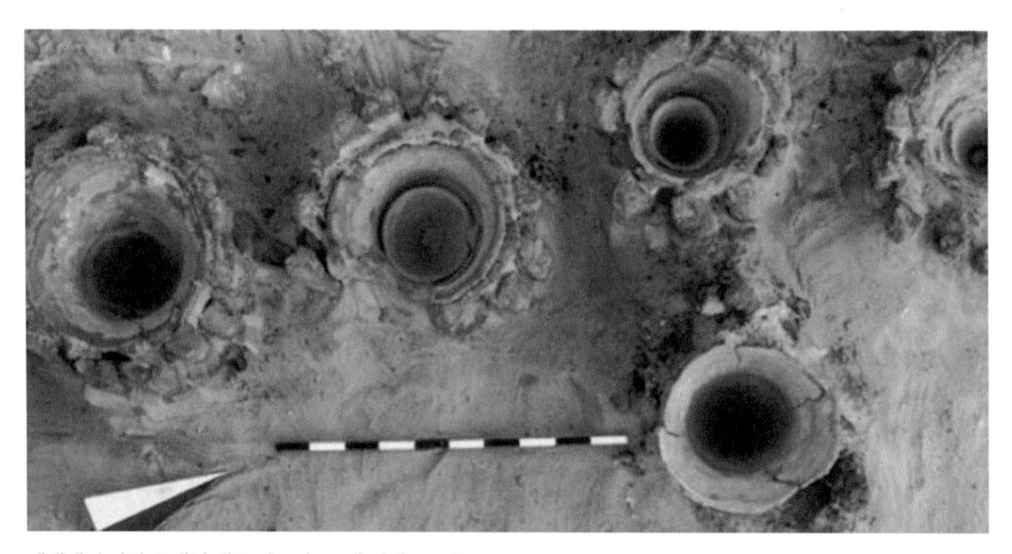

세계에서 가장 오래된 맥주 양조장-고대 이집트 유물

고대 이집트인의 맥주 제조법

또 다른 문명의 발상지 이집트에서도 맥주가 활발하게 빚어졌다. 이집트의 맥주 제조법은 수메르인들과 유사하였으며, 신분 계급의 구분 없이 음용되었다. 고대 이집트의 맥주 제조법은 BC 2200년경에 제작된 것으로 추정되는 벽화에 그 시대의 맥주 제조과정이 단계별로 상세히 묘사돼 있다. 피라미드 건설에 동원된 노동자들에게 임금으로 맥주와 마늘을 배급하였다는 기록이 남아 있으며, 당시 맥주는 음료뿐 아니라 풍부한 영양분으로 식사의 역할을 하기도 하여 액체의 빵이라는 의미로 헤크(Hek)라고 부르기도 하였다.

벽화에 남아 있는 맥주제조 과정을 정리해 보면 다음과 같다.

- 보리를 수확한다.
- 수확한 보리를 찧어 보리가루를 만든다.
- 물과 함께 반죽을 한다.
- 반죽한 것을 빵모양으로 둥글게 만든다.
- 돌에 올려 놓고 불로 열을 가하여 외부만 살짝 굽는다.
- 빵을 갈아서 항아리에 물과 함께 넣고 끓인다.
- 항아리에 끓인 즙만 담는다.
- 항아리가 넘어지지 않도록 보관한다.

위의 내용을 보면 기술이 발달한 현대 사회의 맥주 제조 과정과 거의 흡사한 과정을 거쳐 맥주를 만들었다는 것을 알 수 있다.

고대 이집트 벽화-빨대로 맥주 마시는 모습

1516년에는 독일의 빌헬름 4세가 '맥주를 제조할 때 보리, 홉, 물 이 세 가지 외에 다른 원료는 절대 사용해선 안 된다'는 내용의 법령인 '맥주 순수령'을 제정해 공포했다. 당시에는 효모의 존재를 몰랐으므로 순수령에 효모는 포함하지 않았지만 루이 파스퇴르가 효모의 존재를 확인한 이후 순수령에 효모가 추가되었다. 19세기에는 프랑스의 유명한 화학자 파스퇴르가 저온살균법을 개발해 맥주에도 적용했다. 그때부터 오랜 시간 변질되지 않는 맥주를 만드는 것이 가능해졌다.

2.2 맥주의 스타일과 종류

2.2.1 생맥주와 살균맥주

드래프트(draft) 맥주 즉 생맥주는 효모가 살아 있는 맥주를 의미하며, 양조장에서 발효를 마친 후 살균과 여과 과정을 거치지 않고 용기에 담아 나온 맥주를 말한다. 효모가 살아 있는 맥주이기 때문에 생맥주라 한다.

반면 살균맥주는 시중에서 유통되는 거의 대부분의 병과 캔맥주를 말한다. 시중에 유통되는 대부분의 맥주가 살균이나 여과 과정을 통해 효모를 죽이는 것은 유통과 보관을 오래 유지하기 위해서다. 효모가 살아 있는 상태에서는 발효가 지속되어 맥주의 맛이 변할 수 있고, 맥주가 변질되기 쉬워 장기간 보관이 어렵다. 살균하지 않은 생맥주는 적절한 온도로 냉장해서 유통하고 보존해야 하므로 비용이 많이 들어간다. 비용이라는 측면에서 상업 맥주는 대부분 살균한 맥주일 수밖에 없다. 맥주의 종류에 따라 병에서 2차 발효와 숙성을 하도록 되어 있는 맥주가 있는데, 이런 맥주의 경우 병 바닥에 침전물이 가라앉아 있다. 이것은 효모가 발효하면서 만들어낸 부산물이 가라앉은 것으로, 마셔도 무방하다. 이런 맥주는 유통과 보관에 들어가는 비용이 높아서 가격이 비싸다.

살균맥주

케그(생맥주통)

2.2.2 상면발효(에일)와 하면발효(라거)

맥주를 발효하는 방식에 따라 맥주가 달라지는데, 즉 효모가 작용하는 방식에 따라 맥주를 크게 3가지로 분류할 수 있다. 높은 온도에서 발효하는 상면발효 효모가 발효시킨 맥주와 낮은 온도에서 발효하는 하면발효 효모가 만든 맥주, 자연 상태에서 자연적으로 발생한 효모가 발효시킨 람빅맥주가 있다. 상면발효 맥주를 통상 에일(Ale)이라 칭하고, 하면발효 맥주를 라거(Lager)라 칭한다. 람빅맥주는 일반적으로 람빅이라고 칭한다.

몰트를 끓여서 맥아즙을 만들고 여기에 효모를 투입하면 효모가 당을 분해하며 발효를 시작하는데, 상대적으로 높은 온도인 21도(%) 부근에서 발효하는 효모를 사용하면 효모가 발효하며 떠오르는 성질이 있어서 이런 맥주를 상면발효 맥주라 한다.

즉 상면발효 맥주를 흔히 에일(Ale)맥주라고 하며 앞으로 공부하게 될 수제(Craft)맥주가 바로 상면발효 맥주에 해당된다.

반면 상대적으로 낮은 온도인 10도(%) 이하의 온도에서 발효하는 효모를 사용하면 효모가 발효하며 밑으로 가라앉는다. 이런 맥주를 하면발효 맥주라고 한다. 전 세계 시장의 70% 이상을 하면발효 맥주인 라거가 차지하고 있다. 우리에게 익숙한 하이트나 카스, 테라, 켈리, 한맥과 같은 한국 맥주들은 거의 모두 하면발효 맥주인 라거이다.

라거맥주(하면발효 맥주)

빠르면 상온에서 보통 3일에서 일주일 안에 발효가 끝나는 에일맥주와 달리 라거맥주는 10도(%) 이하의 낮은 온도에서 발효하고, 발효 기간도 몇 주가 걸린다. 또한 1차 발효가 끝나고 나서도 1도(%) 정도의 낮은 온도에서 숙성시키는 2차 발효과정을 거친다. 그 결과 에일과는 매우 다른 특성을 가진 맥주가 만들어진다. 에일과 비교했을 때 라거는 일반적으로 탄산의 특성과 시원한 느낌을 가진 맥주라고 하겠다.

에일(Ale)맥주(상면발효 맥주)

독일과 체코를 대표하는 라거맥주의 대명사 필스너(Pilsner) 맥주

1842년 플젠 지방의 이름을 딴 라거맥주인 필스너 맥주가 탄생하고, 오늘날 필스너와 라거는 거의 동일한 의미로 쓰인다. 독일에서 처음 만들었으나 체코의 플젠에서 꽃을 피운 라거맥주는 곧 유럽 전역으로 퍼져 나가 맥주시장을 평정하였다. 필스너 이전의 맥주는 대부분 진한 맛의 묵직한 맥주였으나, 가볍고 청량감 있고 깔끔한 맛의 필스너가 대세가 되면서 맥주 하면 당연히 라거맥주를 떠올리게 되었다. 체코의 필스너를 선두로 유럽의 양조장들은 라거맥주 생산에 뛰어들었고, 하이네켄이나 칼스버그 같은 역사와 전통의 양조장들도 에일맥주보다 라거맥주 생산으로 돌아섰다. 이런 추세는 신생국 미국으로 건너가 버드와이저나 밀러와 같은 대형 맥주회사들이 생겨나게 되는데 주로 생산한 맥주가 라거맥주이다.

체코에서는 필스너라고 하면 라거맥주를 의미하며 맥주 전용 글라스인 필스너 글라스에 따라 마신다.

체코 필스너 우르켈 라거맥주

독일이 라거맥주를 대표하는 나라라면 영국은 에일맥주의 전통을 이어온 에일맥주의 종주국이라 할 수 있다. 영국 사람들의 맥주 사랑은 유별나고 바로 옆 나라인 아일랜드의 기네스는 대표적인 에일맥주이다.

미국 에일(Ale)맥주 다시 꽃피우다

1980년대 이후 미국의 소규모 양조장에서 페일 에일(PA)맥주를 생산하기 시작했고 이는 지금의 수제맥주 유행으로 이어졌다. 브랜드별로 큰 차이가 없는 라거맥주에 길들여졌던 소비자들에게 다양한 맛을 가진 에일맥주는 매우 신선하게 다가왔고 라거에 밀려 사라질 뻔했던 에일은 다시 각광받게 되었다.

미국 에일(Ale)맥주

라거에 비해 에일맥주는 과일향과 꽃향기 같은 풍성한 향이 맛을 더해준다. 에일맥주를 만드는 효모는 당을 분해하면서 알코올과 이산화탄소를 배출하는 동시에 다른 여러 화학물질들도 생성해 낸다. 그중 하나가 에스테르인데 이 에스테르는 다양한 향을 만들어낸다. 에일 효모는 라거 효모에 비해 더 많은 에스테르를 만들어내고 그 결과 에일맥주는 풍부한 향이 특징이다. 효모 종류에 따라 자몽, 바나나, 시트러스 등 다양향 과일이나 꽃향기가 나는 에일맥주가 만들어진다. 사용한 효모 종류에 따라 수없이 많은 종류의 에일맥주가 존재한다. 최근에는 라거맥주도 다양한 효모와 홉의 조화로 인해 에일맥주인지 라거맥주인지 구별하기 어려운 경우도 많다.

신기한 맥주 람빅(lambic)

람빅맥주는 벨기에 브뤼셀과 람빅 지방에서 생산되는 맥주로 공기 중에 떠다니는 야생 효모를 이용해 발효한 맥주이다. 따로 효모를 첨가하는 것이 아니라 자연 상태에 놔두고 야생 효모가 자연스럽게 찾아와서 발효하는 방식으로 매우 특별한 종류의 맥주이다. 그만큼 만들기도 어렵고 벨기에를 벗어나서는 찾아보기 어렵다.

다른 많은 맥주가 양조를 위해 잘 관리해 배양된 효모를 사용하는 데 비해 람빅은 공중에 떠다니는 야생 효모와 박테리아에 전적으로 의존해서 양조하기 때문에 상업 양조의 통제된 맛이 아니라 매우 독특한 맛을 가지고 있다.

벨기에가 자랑하는 대표적인 람빅맥주를 소개하면 아래와 같다.

린데만스(Lindemans)

팀머만스(Timmermans)

분(Boon)

린데만스(Lindemans)

팀머만스(Timmermans)

분(Boon)

람빅은 발효를 위해서 대략 60~70% 정도의 보리 몰트와 30~40% 정도의 몰트화하지 않은 생밀을 사용해 맥아즙을 만든다. 맥아즙이 만들어지면 그대로 공기 중에 노출시켜 부유하는 효모와 박테리아가 자연스럽게 발효를 시작하도록 한다. 발효가 시작되면 포르투갈에서 수입한 포트 와인이나 셰리주 배럴(와인오크통), 또는 와인 배럴에 옮겨 담고 숙성을 한다. 람빅은 오랜 숙성 기간을 거치는데 통상 몇 년에 걸쳐 숙성시킨다. 최소 3년 이상이 걸리기에 만드는 데 오래 걸리고 까다로운 맥주이다.

오크통 숙성 람빅맥주

시골 장독대에서 익어가는 된장이나 고추장처럼 오랜 인내의 시간이 필요한 신기하고 독특한 맥주라고 할 수 있다.

2.2.3 맥주의 스타일

맥주의 스타일을 분류하는 기준에는 알코올 도수, 효모, 곡물과 몰트의 특성, 홉의 품종 등이 있으며 그 밖에도 맥주의 맛과 성질에 영향을 미치는 다양한 요인들이 포함된다.

에일(Ale)

에일은 일반적으로 스타우트나 포터와는 다른 밝은 색깔의 영국 맥주를 지칭한다. 에일은 곡물로 만든 발효음료를 뜻하는 스칸디나비아어에서 유래하였다. 19세기에 라거가 등장하기 전까지 수세기 동안 에일은 일반적으로 맥주의 동의어처럼 사용되었다. 이후에는 하면발효를 통해 만들어지는 라거에 반대되는 개념으로 상면발효 맥주를 뜻하게 되었다. 오늘날에는 주로 색이 연하거나 호박색을 띠는 맥주를 가리킨다.

페일 에일/엑스트라 스트롱 비터, 발리 와인, 스카치 에일/위 헤비가 이에 해당된다.

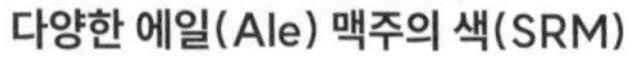
다양한 에일(Ale) 맥주의 색(SRM)

인디아 페일 에일(India Pale Ale(IPA)

쓴맛과 과일향이 느껴지는 인디아 페일 에일은 1980년대부터 미국에서 시작된 크래프트 맥주의 부흥기를 이끈 근원이었다.

인디아 페일이라는 이름은 19세기로 거슬러 올라간다. 런던의 호지슨스 브루어리는 배들이 인도를 향해 떠나던 이스트 인디아 부두에 자리를 잡고 선장들에게 쓴맛이 강하고 홉의 향이 진한 맥주를 공급하였다. 이 스타일은 20세기 초반에 사라지기 전까지 영국 내에서도 인기를 끌었다. 1970년대 홉 재배자들은 쓴맛을 내는 알파산과 방향족화합물이 풍부한 새로운 홉 품종을 개발하였다. 이후 캘리포니아의 초기 양조업자들이 이 홉을 사용해 쓴맛이 강하면서도 감귤류향이 진한 맥주를 만들었다.

아메리칸 IPA, 더블 IPA/임페리얼 IPA, 잉글리시 IPA, 뉴잉글랜드 IPA가 해당된다.

영국의 흑맥주(dark beer)

영국에서 시작된 이 맥주 스타일은 특징적인 색깔로 구분되며 로스팅향과 타닌의 맛이 유명하다. 색은 맥주 맛을 평가하는 정확한 지표는 아니지만 영국의 흑맥주는 짙은 색으로 구별된다. 이 색은 150도씨 이상의 고온에서 로스팅한 몰트에서 나온다. 전체 몰트 사용량의 5%만으로도 특유의 커피, 초콜릿, 타닌 향과 함께 다른 모든 뉘앙스의 향을 뽑아낼 수 있다. 18세기에 포터는 구운 몰트를 사용해 만드는 저렴한 맥주였다.

포터, 스타우트, 임페리얼 스타우트, 오트밀 스타우트가 이에 해당된다.

밀맥주

밀은 맥주에 청량감과 매력적인 감귤류향을 더해준다. 프랑스어로 블랑슈(blanche)라고 부르는 화이트 비어는 본래 밀맥주이다. 독일어로 밀맥주를 가리키는 바이젠비어(Weizenbier)는 보통 색이 탁하며, 독일어로 흰색을 뜻하는 바이스(Weiss)에서 이름을 따왔다. 프랑스에서 블랑슈 맥주는 보통 블론드 맥주를 가리키며 경우에 따라서는 둥켈바이젠처럼 색이 더 진한 맥주까지 모두 포함을 시킨다.

바이젠비어/바이스비어, 둥켈(둔켈)바이젠, 베를리너 바이세, 윗비어가 이에 해당된다.

클래식 벨기에 맥주

현재 전 세계 맥주의 주축은 미국이지만 벨기에 맥주의 독창적인 스타일은 여전히 중요한 기준으로 남아 있다. 벨기에는 아주 오래된 맥주양조 전통의 수혜자이기도 하지만 오늘날까지 다양한 규모의 양조 네트워크를 보존해 왔으며 그중에는 가족 규모의 양조장도 있다. 벨기에 맥주 스타일의 특징은 토착 효모균주에서 나온다. 수세기에 걸쳐 효모를 선별하여 과일향 에스테르, 나무와 향신료가 섞인 특유의 향이 완성되었다. 또한 향신료나 특정 당류를 첨가하는 경우도 매우 흔한데 이를 통해 쉽게 알아볼 수 있는 벨기에 맥주의 특징이 만들어진다.

더블/트리플, 세종, 비에르 드 가르드, 크리스마스 맥주/겨울 맥주가 이에 해당한다.

신맛이 나는 벨기에 맥주

이 맥주들은 미생물의 작용으로 특유의 산미가 있다. 유산균 활동의 결과물인 이 시큼함은 냉장고의 등장과 살균의 일반화로 자취를 감추었다. 맥주의 신맛이 다시 돌아온 것은 주목할 만한 일이며 이와 함께 유산균을 관리하기 위해서는 상당한 노하우가 필요하다.

괴즈, 과일 람빅, 파로, 플랜더스 레드가 이에 해당된다.

라거

라거 또는 하면발효 맥주는 가장 흔히 볼 수 있는 스타일로 다양한 종류가 널리 알려져 있다. '보존하다'라는 뜻의 독일어 라거는 일반적으로 하면발효 방식으로 만들어진 모든 맥주를 일컫는다. 라거에는 사카로미세스 우바룸(saccharomyces uvarum)이라는 효모를 사용한다. 전통적으로 바이에른의 양조업자들은 효모를 선별하는 초기단계부터 서늘한 저장고에서 발효가 장기간 진행되도록 관리하는데 이것이 섬세한 꽃향이 발달하는 열쇠이다. 라거라는 일반적인 명칭은 보통 알코올 도수가 낮은 맑은 맥주를 가리킨다.

필스/필스너, 슈바르츠비어, 라이트 맥주, 옥토버페스트/메르첸이 이에 해당된다.

2.3 독일과 맥주 순수령

맥주 축제 옥토버페스트

독일 하면 제일 먼저 맥주가 떠오를 것이다. 이러한 이미지가 굳어진 것은 15세기경 독일 바바리아 지방에서 탄생한 라거맥주 때문이다. 그전까지 상면발효가 주류였지만, 이 시기에 하면발효가 새로 개발되었다. 바이에른공국의 초대 왕 빌헬름 4세는 1516년 악덕업자를 내몰기 위해 '독일맥주순수령'을 공포했다. 맥주의 원료로 보리와 홉(hop, 쓴맛을 내는 풀), 그리고 물만 사용하도록 했다. 오늘날 독일식 양조법이 전 세계 맥주 양조법의 모델로 간주되는 것은 이런 역사에 기초한다고 할 수 있다.

독일에는 3,000종 이상의 맥주가 있다. 바이에른의 주도인 뮌헨에서는 해마다 10월 첫째 주 일요일을 최종일로 하는 16일간의 옥토버페스트(Oktoberfest)가 열린다.

옥토버페스트는 결혼 축하 축제

옥토버페스트는 1810년 바이에른의 왕자였던 루트비히 1세와 테레제 왕비의 결혼을 축하하는 작은 축제에서 시작되었다. 당시에는 옥토버페스트가 승마 · 사격 등의 경기와 말 · 소 등의 가축 품평회를 여는 지방 축제였다. 시간이 흐르면서 세계에서 가장 큰 맥주 축제로 확대되었다. 해마다 세계 각지에서 600만 명이 넘는 관광객이 모여들어 무려 600만ℓ의 맥주를 마신다.

맥주 축제 옥토버페스트

맥주순수령

맥주순수령(麥酒純粹令, 독일어: Reinheitsgebot 라인하이츠게보트)은 신성 로마 제국과 그 후신인 독일에서 맥주의 주조와 비율에 관해 명시해 놓은 법령이다. 원문에는 맥주를 주조할 때에는 기본적으로 물, 맥아, 효모, 홉만이 사용해야 한다고 명시하고 있다.

순수령은 1487년 11월 30일, 바이에른 공작 알브레트 4세가 제정하였는데 맥주를 만들 때에는 물, 맥아, 그리고 홉 단 세 개의 재료만을 사용해야 한다고 밝혔다. 이어서 1516년 4월 23일, 바이에른 공국의 도시인 잉골슈타트에서 바이에른 공작 빌헬름 4세가 공국의 모든 사람들이 이 순수령을 따라야 한다고 공포하였고, 맥주 판매에 대한 기준을 확립했다.

Reinheitsgebot

Wir verordnen, setzen und wollen mit dem Rat unserer Landschaft, dass forthin überall im Fürstentum Bayern sowohl auf dem Lande wie auch in unseren Städten und Märkten, die keine besondere Ordnung dafür haben, von Michaeli (29. September) bis Georgi (23. April) eine Mass oder ein Kopf Bier für nicht mehr als einen Pfennig Münchener Währung und von Georgi bis Michaeli die Mass für nicht mehr als zwei Pfennig derselben Währung, der Kopf für nicht mehr als drei Heller (gewöhnlich ein halber Pfennig) bei Androhung unten angeführter Strafe gegeben und ausgeschenkt werden soll.

Wo aber einer nicht Märzen sondern anderes Bier brauen oder sonstwie haben würde, soll er es keineswegs höher als um einen Pfennig die Mass ausschenken und verkaufen. Ganz besonders wollen wir, dass forthin allenthalben in unseren Städten, Märkten und auf dem Lande zu keinem Bier mehr Stücke als allein Gersten, Hopfen und Wasser verwendet und gebraucht werden sollen.

Wer diese unsere Androhung wissentlich übertritt und nicht einhält, dem soll von seiner Gerichtsobrigkeit zur Strafe dieses Fass Bier, so oft es vorkommt, unnachsichtig weggenommen werden.

Wo jedoch ein Gastwirt von einem Bierbräu in unseren Städten, Märkten oder auf dem Lande einen, zwei oder drei Eimer (enthält etwa 60 Liter) Bier kauft und wieder ausschenkt an das gemeine Bauernvolk, soll ihm allein und sonst niemand erlaubt und unverboten sein, die Mass oder den Kopf Bier um einen Heller teurer als oben vorgeschrieben ist, zu geben und auszuschenken.

Auch soll uns als Landesfürsten vorbehalten sein, für den Fall, dass aus Mangel und Verteuerung des Getreides starke Beschwernis entstünde, nachdem die Jahrgänge auch die Gegend und die Reifezeiten in unserem Land verschieden sind, zum allgemeinen Nutzen Einschränkungen zu verordnen, wie solches am Schluss über den Fürkauf ausführlich ausgedrückt und gesetzt ist.

맥주순수령

맥주순수령은 왜 만들어졌을까

맥주순수령은 본래 밀과 호밀을 놓고 극심한 가격 경쟁을 벌여오던 제빵소와 양조장의 갈등을 무마하기 위해 발의되었다. 이러한 각 곡물 간의 사용처를 명확히 한 규제에서 보리는 맥주와 빵에 모두 사용하게 하였고, 당시 값이 더 비쌌던 밀과 호밀은 제빵사들이 빵의 주재료로만 사용하게 하였다. 그러나 오늘날에는 많은 바이에른의 양조장들이 맥주를 주조할 때 밀도 같이 넣기 때문에 더이상 맥주순수령을 준수하지는 않는다.

2.4 한국의 맥주

삿뽀로맥주와 기린맥주

1876년 개항 이후 일본인 거주자가 늘어나면서 일본 맥주가 한국에 들어오게 된다. 초기에 들어온 맥주가 삿뽀로맥주였으며 그 후 1900년 전후로 에비스맥주와 기린맥주가 들어왔다.

한국에서 맥주가 처음 생산된 것은 1933년으로 일본의 대일본맥주(주) 즉 삿뽀로맥주가 조선맥주주식회사를 설립하게 되는데 이것이 현재 하이트맥주의 전신이다. 또한 일본의 기린맥주(주)가 쇼와기린맥주를 설립하게 되는데 오늘날 오비맥주의 전신이다. 한국에서 맥주가 생산된 것은 일본의 삿뽀로맥주와 기린맥주가 설립되면서부터라고 할 수 있다. 1945년 광복과 함께 두 맥주회사는 미군정에 의해 관리되었고, 1951년 민간에 운영하도록 하였다. 1992년에는 진로쿠어스맥주(주)가 설립되면서 하이트맥주, OB맥주, 카스맥주 등 3개 회사에서 맥주를 양조했다. 이후 카스맥주가 OB맥주에 인수되었고, 현재는 하이트진로(주)와 OB맥주(주)에서 맥주를 생산하고 있다.

삿뽀로맥주

기린맥주

OB맥주(Oriental Brewery)

1933년 12월 일본 기린맥주주식회사의 자본으로 회사가 설립되었다. 1945년 10월 광복 이후 미군정에 의해 관리되었으며, 1948년 3월에 동양맥주주식회사로 상호를 변경하였다.

1984년 9월에는 마주앙 스페셜을 생산하였으며 '86아시안게임 및 '88올림픽 공식맥주로 지정되기도 하였다. 현재 카스, OB맥주, 한맥 등의 라거맥주를 생산하고 있다.

OB맥주

크라운(조선)맥주

하이트맥주(THE HITEJINRO)

하이트진로(주)는 2011년 9월 하이트맥주가 진로에 흡수합병되면서 출범한 기업이다. 하이트진로의 전신인 두 회사 가운데 하이트맥주는 일본의 대일본맥주주식회사가 1933년 8월 당시 경기도 시흥군 영등포읍(현재 서울 영등포구)에 '조선맥주주식회사'라는 이름으로 설립했다. 국내 최초의 맥주회사였다. 같은 해 12월 OB맥주의 전신인 쇼와기린맥주(주)가 서울에 세워졌는데, 두 맥주회사의 경쟁은 지금까지 이어지고 있다. 현재 테라, 켈리, 하이트맥주 등의 라거맥주를 생산하고 있다.

2014년 롯데칠성에서 맥주를 생산하게 되는데 이후 회사명을 롯데주류로 변경하였으며 클라우드라고 하는 프리미엄 맥주를 생산하고 있다.

현재 한국에서 라거맥주를 생산하는 회사는 OB맥주, 하이트진로, 롯데주류 3곳이라고 할 수 있다.

한국 맥주의 흐름

■ 1단계: 한국에 맥주를 알리다.

1876년에서 1970년대까지의 시대를 의미하며 이 시기에 맥주는 존재했지만 일반인들이 쉽게 마실 수 있는 시기는 아니었다. 한국은 일본의 영향을 받아 삿뽀로, 에비스, 기린 등의 일본 기업에 의해 맥주 공장이 세워지고 일본인 및 일부 상류층에게만 제공되었다.

1950년대 이후에는 일본식 맥주가 미군정에 의하여 미국식 맥주로 교체되는 과정이었다.

■ 2단계: 최초의 호프집이 생기다.

1986년 한국에 최초의 호프집인 "OB호프" 펍이 서울 종로구 동숭동에 생기게 된다. 이후 직장인과 대학생을 중심으로 맥주 소비가 막걸리의 점유율을 앞지르기 시작하였다. 그러나 1997년 IMF를 맞으며 맥주 소비는 급격하게 줄어들게 된다.

맥주 소비는 노가리에서 시작하여 치킨으로 이어지며 치맥페스티벌까지 탄생하게 된다. 2000년대 중반에 들어서면서는 알코올 도수가 낮은 저도주의 선호도가 높아지면서 "소맥"의 바람이 불기 시작하였으며 다시 맥주 소비가 증가하기 시작하였다.

■ 3단계: 4캔에 만 원 수입맥주가 편의점을 장악하다.

2000년대 중반부터 수입맥주의 소비가 증가하면서 세계맥주 펍들이 생겨나게 된다. 2013년을 기점으로 편의점을 장악한 4캔에 일만 원 맥주가 폭발적인 성장을 하면서 수입맥주의 전성시대를 이루었다.

수입맥주 4캔 만 원

2022년 이후 3캔 만 원이 됨

■ 4단계: OB, 하이트 라거맥주에 식상한 소비자들이 반란하다.

100년의 세월 동안 한국 맥주시장을 장악해 온 OB맥주와 하이트맥주의 단조로운 라거맥주에 식상한 소비자들이 맥주 맛의 다양성에 눈을 뜨기 시작하였다. 독일의 3,000종이 넘는 맥주처럼 한국도 다품종 소량 생산의 다양성을 희망하게 된다.

2002년도 소규모 맥주제조 면허제도와 2014년 주세법의 개정으로 연간 6만 리터만 생산해도 맥주제조 허가를 받을 수 있어 중소 맥주제조 양조장이 급격하게 생겨나기 시작하였다. 따라서 소비자는 본인의 취향에 맞는 다양한 맥주를 선택할 수 있게 되었다.

수제맥주(Craft Beer) 시장은 다양성과 특별함을 추구하는 소비자가 늘어남에 따라 지속적으로 성장할 것으로 보인다.

다양한 수제맥주(Craft Beer)

제2장

수제맥주 무엇으로 만드는가?

수제맥주의 개요

1.1 수제맥주의 정의

수제맥주(手製麥酒) 또는 크래프트 맥주(craft+麥酒, 영어: craft beer 크래프트 비어)는 대기업이 아닌 개인이나 소규모 양조장이 자체 개발한 제조법에 따라 만든 맥주를 말한다. 과일향이 나고 홉의 쓴맛이 짙게 배어 나오는 등 각기 독특한 풍미를 지녔다. 수많은 맥주 제조자의 개성만큼이나 다양한 맛이 특징이다.

크래프트 맥주라는 단어는 1970년대 말 미국양조협회(American Brewers Association, ABA)가 개인을 포함한 소규모 양조장에서 소량 생산하는 수제 로컬맥주를 뜻하는 용어로 지정하며 탄생하게 됐다.

한국에서는 2002년 주세법 개정으로 소규모 맥주제조 면허가 도입되면서, 자신의 영업장에서 직접 맥주를 만들어 팔 수 있는 브루펍이 생기기 시작하였다. 본격화된 것은 2014년 주세법의 개정 이후이다. 소규모 양조장의 외부 유통이 허용되며 대기업과 중소 수입사, 개인 양조장, 프랜차이즈 등이 수제맥주시장에 뛰어들어 맥주시장의 저변을 넓혀가고 있다.

수제맥주를 제조하고 판매와 유통을 할 수 있는 법적 근거가 마련되었으며 연간 6만 리터 이상만 생산하면 양조 면허가 나온다.

여러 종류의 소규모 브루어리의 수제맥주

미국과 세계의 수제맥주

미국의 수제맥주시장을 분석해 보면 1970년까지는 대형 메이저맥주회사가 라거맥주를 중심으로 맥주를 생산하였다. 1980년대에 맥주의 유통과 판매규제를 해제하면서 80여 개 수준의 양조장이 2017년에는 4천 개가 넘어섰다. 매년 수백 개의 소규모 수제맥주 양조장이 생겨나고 있다.

미국을 시작으로 유럽, 일본 등 아시아 전 시장과 중국에서도 수제맥주가 유행하고 있다.

한국의 수제맥주시장

한국의 수제맥주는 1990년대 초반 처음 시작된다. 1990년대 초반 한국의 맥주시장은 대규모 양조장이라고 할 수 있는 대기업인 OB맥주와 하이트맥주가 양대 산맥을 이루고 있었다. 이들의 맥주는 맛이 단조롭고 일관된 맛을 가지고 있어서 다양한 맥주의 맛과 향을 추구하는 소비자들의 욕구를 충족시키지 못하였다.

미국과 일본의 영향을 받아 다양한 스타일의 맛과 향을 추구하는 소비자들은 수제맥주(Craft Beer)를 원하고 있었다. 2002년과 2014년의 주세법 개정으로 한국의 수제맥주 시장은 점차 성장하기 시작했다.

2024년 현재 수제맥주의 브랜드는 100종류가 넘으며 소규모 브루어리(양조장)도 50개가 넘었다.

수제맥주시장은 앞으로 계속해서 성장할 것으로 보인다.

1.2 수제맥주의 양조장

소규모 브루어리(양조장)

소규모 양조장은 본래 양조장의 크기에 관련해서 사용되던 용어다. 하지만 점차 기존 맥주의 대안적인 의미와 양조의 유연성, 적응성, 실험성 그리고 고객 서비스에 대한 접근을 반영했다.

이 용어와 트렌드는 1980년대에 미국에 퍼지며, 한 해에 15,000배럴(미국 기준) 이하의 맥주를 생산해 내는 양조장을 칭하는 말로 사용되었다. 소규모 양조장은 기존의 대형, 대중적 양조장과 다른 마케팅전략을 채택했다. 그들은 상품의 질을 기반으로 경쟁하며, 낮은 가격과 광고보다는 다양성을 중시했다.

소규모 브루어리 - 대도양조장

당화조, 자비조

발효조

대도 브루어리 정만기 대표

나노 브루어리

나노 브루어리는 규모가 작은 소규모 양조장이자 단독 사업자이며 이는 작은 묶음으로 생산한다고 정의했다. 미국 재무부는 나노 브루어리를 판매용 맥주를 생산하는 아주 작은 양조장 회사라고 정의한다.

나노 브루어리 - 일본 나라 야마토 브루어리

농장 브루어리

농장 브루어리는 수세기의 역사를 가지고 있다. 농장 브루어리라고 여겨지는 몇몇의 맥주 방식들이 있다. 본래 농장에서 일하는 노동자들에 대한 장려책으로 낮은 ABV 맥주를 농부들이 만들던 것에서 시작되었다. 농장 브루어리는 규모가 크지 않다. 그들은 당시의 비교적 큰 양조장에 비교해 봤을 때, 규모가 더 작았으며 독특한 양조방법과 발효방법을 가지고 있었다. 이는 일반적인 규모가 큰 맥주공장에서 생산되는 상품들과 품질이 달랐으며, 관습에 얽매이지 않은 맛과 풍미를 가지고 있었다.

1.3 스타일에 따른 맥주

애비 비어(Abbey Beers)

강한 과일향이 나는 에일맥주로 벨기에에서 상업적으로 생산되는 맥주이다. 중세 수도원에서 유래되었는데, 요즈음에는 대규모 양조회사들이 초기 수도원의 기술을 모방하거나 라이선스를 받아서 만들고 있다. 인터브루(Interbrew)사의 레페(Leffe)가 대표적이다.

에일(Ale)

에일맥주는 상면발효 효모를 사용해 실온에 가까운 온도에서 발효된 것이다. 하면발효 효모로 낮은 온도에서 발효시키는 라거맥주와 함께 맥주의 양대 가지를 이룬다.

고대 맥주가 처음 만들어졌던 시절부터 이어진 전통적인 양조방식 맥주이며, 현재는 영국에서 가장 많이 양조된다.

페일 에일, 세종, 스타우트, IPA - 일본 나라 야마토 브루어리

알트(Alt)

알트(Alt)란 독일어로 'old' 혹은 'traditional'이란 뜻이다. 상면발효 방식으로 만들어진 고대 스타일 그대로의 맥주로 쓴맛이 난다. 구릿빛 아로마향이 있는 에일맥주로, 뒤셀도르프를 포함한 몇몇 북부 독일에서 생산된다. 알코올 도수 4.5%의 일반적 맥주이지만 쓴맛이 강하다. 디에벨스(Diebels)와 슐로서(Schlosser) 등이 유명하다.

비에르 드 가르드(Biére de Garde)

프랑스 북서지방에서 만드는 상면발효 맥주로 예전에는 농장에서 생산되었다가 요즈음은 본격적으로 큰 공장에서 만들어진다. 이 맥주는 중간 정도에서 강한 향이 나는 에일맥주다. 보통 일반적인 맥주와 같이 병입을 하고 크라운 병뚜껑을 쓰지만 대부분 코르크마개에 철사로 봉한 샴페인 스타일 병입을 하는 것이 특징이다.

비터(Bitter)

쓴 호프(홉) 맛을 내는 영국식 맥주로 잉글랜드와 웨일스 지방에서 생산한다. 알코올 도수는 3~5% 정도이다. 전통적으로 붉은빛이 나는 호박색이나, 더 연한 색의 맥주로 다양한 색깔로 만들어진다. 비터 맥주는 도수가 높을수록 Best 또는 Special이라고 하는 것이 특징이다.

블랙 비어(Black Beer)

'검은 맥주'라는 뜻이지만, 스타우트가 아니라 동부지방에서 생산되는 진한 검은색 라거맥주다. 쿨름바크, 엘랑겐 등의 회사가 검은색에 가까운 진한 갈색 맥주로 유명하고, 일본에서도 생산된다. 영국의 경우, 요크셔 지방에서 아주 강한 블랙 비어를 만들면서 레모네이드를 첨가하기도 한다.

복(Bock)

독일에서 유래한 라거맥주의 일종으로 보리와 호프 상태가 가장 좋을 때 만들어지고 동절기 내내 숙성과정을 충분히 거쳐 봄에 즐기는 맥주로 알려져 있다.

독일어 복(Bock)은 염소란 뜻이며, 종종 병 라벨에 염소 머리가 그려지기도 한다. 검은색에 가깝지만 부드러운 맥주다. 알코올 도수가 높아지면 더블복(double bock=doppel bock), 트리플 복(triple bock)이라고 표기하기도 한다. 살바토르 브랜드가 유명하다.

브라운 에일(Brown Ale)

다소 달콤한 갈색의 순한 에일맥주다. 한때 영국 노동자들이 즐겨 찾는 맥주였으나, 요즈음에는 그 인기가 시들해졌다. 뉴캐슬 브라운 에일이 세계적으로 유명하다.

칠리 비어(Chilli Beer)

미국의 일부 양조회사에서 생산하는 멕시칸 고추맥주다. 심지어 고추를 병 속에 넣기도 하는데 멕시칸 요리와 잘 어울린다고 알려져 있다.

크림 에일(Cream Ale)

달콤하면서도 부드러운 금색 에일맥주로 미국에서 만든다. 원래는 에일맥주 양조자들이 필스너 타입 맥주를 만들려다가 나온 맥주다. 몇몇 크림 에일맥주는 하면발효 맥주와 혼합해 하이브리드 방식으로 만든다.

다이어트 필스(Diät Pils)

필스너 타입의 라거맥주로 당분을 거의 제거한 맥주다. 본래는 당뇨병 환자를 위해 만들었지만 톡 쏘는 맛 때문에 드라이(Dry) 맥주의 원조가 되었다.

드라이(Dry)

1987년 일본 아사히 맥주회사에서 개발했으며 옥수수나 쌀의 당분을 첨가하여 남는 찌꺼기 없이 완전 발효시켜 만든다. 단맛이 적고 톡 쏘는 짜릿함과 함께 뒷맛이 깨끗하다. 미국에서는 버드 드라이(Bud Dry)가 인기를 얻었다.

둔켈(Dunkel)

전통 독일식 라거맥주로 검거나 갈색이지만 맛은 부드럽다. 알코올 도수가 4.5% 정도며, 뮌헨(München 또는 Munich)에서 주로 생산된다.

프랑부아즈/프람보젠(Framboise/Frambozen)

프랑스어로 라즈베리(Raspberry), 즉 산딸기를 첨가한 람빅 타입으로 만들어지는 벨기에 과일 맥주를 말한다. 마치 핑크색 샴페인 같은 맥주로 연한 색이며 과일향이 난다. 간혹 산딸기 시럽을 첨가하기도 한다. 최근에는 좀 더 다양한 과일맥주가 시도되어 복숭아에서 바나나까지 사용한다.

헤페(Hefe)

독일어로 헤페는 '효모(yeast)'를 뜻한다. 즉 효모를 거르지 않아서, 병 바닥에 효모가 가라앉아 있는 맥주다. 다소 탁한 색이지만, 건강에 좋아 아예 흔들어 마시는 사람도 있다.

헬(Hell)

흔히 볼 수 있는 부드럽고 연한 금색의 라거맥주를 가리키며 헬은 독일어로 '연한(pale), 가벼운(light)'이라는 뜻이다.

아이스 비어(Ice Beer)

1990년대 냉동기술의 발전으로 등장한 맥주로, 캐나다의 래배트사에서 처음 만들었다. 현재는 버드와이저나 밀러 같은 대형 회사들도 생산하는데, 깨끗한 맛이 특징이며 젊은 층에게 인기가 좋다.

크릭(Kriek)

벨기에의 람빅맥주로 2차 발효 시 체리를 첨가해 드라이한 과일맛과 깊은 색을 낸다. 람빅맥주 본래의 신맛과 조화를 이뤄 만드는 수도원 방식이 전통 맥주로 매우 인기가 있다.

라거(Lager)

상표 이름으로 친숙하지만, 사실 맥주의 큰 유형을 나누는 에일과 라거라는 용어로 쓰인다. 즉, 하면발효 효모로 저온에서 발효된 것으로 다른 맥주보다 발효기간이 조금 더 길다. 라거는 독일어로 '저장하다'라는 의미며, 영국에서는 보통 금색의 하면발효 맥주를 총칭하기도 한다.

다양한 라거맥주 - 중국 후난성

일본의 수제맥주 - 일본 오사카

람빅(Lambic)

에일맥주의 한 종류로 벨기에 브뤼셀에서 만들어지는 독특한 풍미의 맥주다. 발효 전 단계에서 뜨거운 맥아즙을 외부 공기에 노출해 외부의 야생 효모와 기타 미생물이 맥아즙 표면에 닿으면서 적당한 온도로 식어가며 동시에 발효된다. 이 과정을 거친 뒤 보통 2~3년 숙성과정을 거쳐 상품화된다. 대략 30% 정도의 밀을 사용하는데 씁쌀하면서도 부드러운 풍미가 독특하다.

라이트(Lite)

우리나라를 비롯해 미국과 캐나다 등 북미에서 가벼운 저칼로리 맥주를 가리키는 말이다. 여성과 젊은 세대에게 인기가 있으며 오스트레일리아에서는 저알코올 맥주를 말한다.

로 알코올(Low Alcohol)

1980년대 이후 많은 대형 양조회사가 점차 강화되는 주류관련법에 대응하여 만들기 시작한 저알코올 맥주다. 일반적으로 2.5%의 맥주를 저알코올 맥주, 0.05~0.5%의 맥주를 무알코올 맥주(맥아 음료)라고 한다. 알코올을 적게 만드는 효모를 사용하거나, 발효기간을 단축시키는 방법으로 만든다.

페일 에일(Pale Ale)

영국의 경우 페일 에일은 일반 에일보다 강한 맥주를 말한다.

필스너(Pilsner)

체코의 플젠 지방(독일어로 필젠)에서 1842년에 처음 만든 맥주를 말한다. 하면발효 형식으로 제조하며 세계에서 가장 즐겨 마시는 황금빛 라거 스타일 맥주의 총칭이다.

꽃향이 나는 호프와 드라이한 끝맛이 조화된 특징을 보인다. 라거보다 다소 진하며 향이 더 깊다.

포터(Porter)

영국을 대표하는 맥주로 맥아즙의 농도가 진하고 호프를 많이 넣어 맛이 강하고 진한 흑맥주다. 스타우트보다는 약간 연한 색을 띤다. 처음으로 대형 맥주공장에서 대량 생산된 맥주다.

프리미엄(Premium)

특별한 공정을 거친 것이 아니라 양질의 원료를 사용한 고급 맥주를 일컫는 통칭으로 네덜란드의 하이네켄이 대표적이다.

리얼 에일(Real Ale)

마이크로 브루어리 붐을 일게 한 CAMRA(Campaign for Real Ale)에서 인정하는 맥주로, 효모를 거르지 않고 저온 처리 살균도 하지 않은 전통적인 방식으로 제조하는 에일맥주를 말한다.

섄디(Shandy)

맥주에 레몬향을 혼합하여 알코올 도수를 1~2% 정도로 낮춘 저알코올 맥주로 여성들에게 인기가 높다. 간혹 레몬즙 대신 소다를 넣어 칵테일처럼 마시기도 한다.

스타우트(Stout)

전통적인 에일맥주 중 포터에 속하며 검게 구운 맥아와 다량의 호프로 만들어 검은색을 띠며 맛이 매우 진하다. 기네스(Guinness)가 가장 유명하며 기네스 스타우트의 경우 질소가스를 사용하여 크림과 같이 농도가 진하고 부드러우며 하얀 거품을 만들어준다. 보통 흑맥주라 불린다. 빈혈과 저혈압에 매우 좋으며 샴페인과 반반 섞어 만든 '블랙 벨벳'이라는 유명한 칵테일도 있다.

슈퍼드라이(Super Dry)

보통 맥주보다 알코올이 1% 더 높으며 단맛이 거의 없는 담백한 맥주다.

바이스(Weiss)

여과 과정에서 맥주 안의 물을 얼려 여과함으로써 얼음 결정과 함께 남아 있는 찌꺼기를 걸러내는 방식으로 만든다. 알코올보다 물이 먼저 얼어 여과되므로 도수는 높아지지만 질감과 독특한 개운함이 있다. 독일의 아이스 복 맥주가 원조다.

바이젠비어/바이스비어(Weizenbier/Weissbier)

보리맥아 외에 밀(Wheat)을 사용해 풍부한 거품과 흰색에 가까운 빛깔을 내는 독일의 유명한 맥주 스타일이다. 매우 부드럽고 고소하다.

수제맥주의 재료

수제맥주(Craft Beer)는 맥아(Malt, 보리), 홉(Hops), 효모(Yeast), 물(Water), 기타 곡물 등으로 만들어진다.

자세한 내용은 아래에서 살펴보도록 하자.

2.1 맥아

맥주를 영국에서는 "보리술"이라는 의미로 쓴다.

영어의 "Beer"라는 어원은 잉글로색슨족(Saxon)의 언어인 "Baere(보리)"에서 유래되었다.

한국의 보리밭

보리에는 당으로 전환될 수 있는 많은 양의 전분과 여과대 역할을 하는 겉껍질이

들어 있으며 뜨거운 물 이외에 아무것도 첨가하지 않아도 작업을 할 수 있다. 보리는 완벽한 양조 곡물로 평가받는데 씨 안에 저장된 전분이 효소의 작용으로 단순당으로 분해되고 효모와 함께 이를 알코올로 만든다. 효소는 많은 양조공정에서 핵심 역할을 하며 이들이 없으면 양조는 거의 불가능하다. 중요한 발아, 양조, 발효 작업은 모두 효소가 이끌며 이들 효소는 화학작용을 돕는 특수한 단백질이다.

양조에 사용되는 보리는 두줄보리와 여섯줄보리의 두 가지 형태가 있는데, 위에서 내려다보면 낟알이 두 줄 또는 여섯 줄이 있어 명확히 구분되기 때문에 이런 이름이 붙었다.

여섯줄보리

두줄보리

맥아(몰트) 만들기(몰팅 단계)

1단계: 담그기

낟알(보리알)을 미지근한 물에 담가 부피가 2배로 커질 때까지 천천히 불린다.

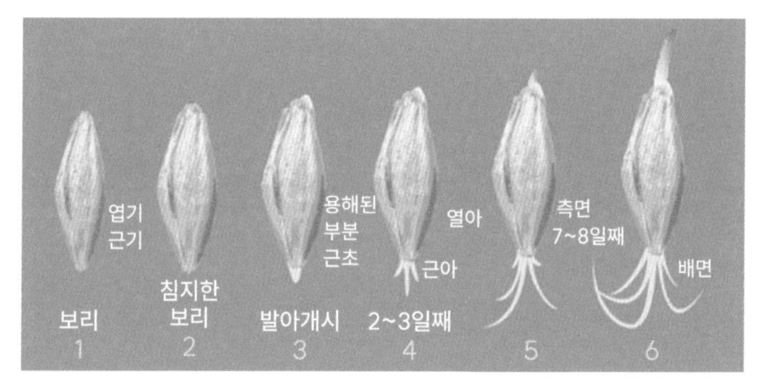

보리가 발아하는 과정

낟알 불리기

■ 2단계: 싹 틔우기

낟알 속의 배아가 깨어나 싹을 틔우기 시작하면 가는 실모양의 잔뿌리가 돋아난다. 낟알 속에서는 전분을 저장하고 있는 세포벽이 분해되어 싹이 나는 것을 돕는다. 발아 과정에서 알파아밀라아제와 베타아밀라아제 효소가 생성되는데, 이들 성분이 전분의 당화를 일으킨다. 발아시킨 몰트를 그린몰트(녹맥아)라고 한다.

출처: 지식백과

싹 틔우기

■ 3단계: 건조

그린몰트를 바닥에 깔아 빛과 뜨거운 바람에 노출시킨다. 먼저 약 50도씨에서 말려 발아를 중단시키고 낟알을 안정시킨다. 이어서 온도를 120도씨까지 급격히 올리면 몰트의 색과 맛에 변화가 일어난다. 이 과정에서 같은 곡물의 낟알로 건조 기간, 온도, 수분율을 달리하여 맛과 색이 다양한 몰트를 만들 수 있다.

■ 4단계: 뿌리 자르기

필요 없어진 뿌리와 싹을 제거하고 약 20일 정도 건조시킨 다음 사용한다. 완성된 몰트는 몇 년간 보관이 가능하다.

기타 곡물

맥주를 만들기 위하여 주원료인 보리 외에도 여러 종류의 곡물이 사용된다.

■ 밀

일부 독일식 맥주(예를 들어 바이젠비어)의 주원료로 사용되거나 보조 곡물로 쓰인다. 밀은 신맛과 청량감을 더해준다.

■ 호밀

과거 전통적인 양조에 한정되었던 호밀은 최근 들어 호밀 특유의 쌉싸름하고 알싸한 맛을 사용하는 양조업자들 사이에서 새롭게 각광받고 있다. 호밀빵을 만들어 러시아, 우크라이나 등지에서 인기 있는 저알코올 음료인 크바스의 주요 재료로 사용하기도 한다.

출처: 지식백과

호밀(rye, 한국에서는 많이 재배하지 않음)

■ 귀리

귀리는 양조 레시피에서 부드럽고 크리미한 맛을 낸다. 주로 오트밀 스타우트 스타일에 사용된다.

출처: 지식백과

귀리(oat)

■ 옥수수

전통적으로 콜럼버스가 아메리카 대륙을 발견하기 이전부터 발효음료인 치차를 양조하는 데 사용되었다. 옥수수는 맛이 중성적이고 다른 곡물에 비해 가격이 저렴하여 주로 전분 공급원으로 이용된다. 글루코스 함량이 높은 옥수수 시럽은 북미지역에서 대량 생산되는 라거에 널리 쓰인다.

■ 쌀

아시아에서 사케와 같은 발효음료에 사용되는 쌀은 일부 대량 생산 라거의 전분 공급원으로, 경우에 따라 매우 높은 비율로 사용되기도 한다. 쌀을 사용한 맥주는 입안에서 드라이한 느낌을 주어 홉과 같은 다른 재료의 맛을 살려주는 역할을 한다.

■ 수수

전통적으로 몰트를 베이스로 하는 로컬 맥주(중국의 마오타이주, 서아프리카의 돌로 등)를 양조하는 데 사용된다. 최근에는 수수의 줄기에서 추출한 당분을 글루텐프리 맥주에 몰트의 좋은 대체원료로 사용하기 시작했다.

출처: 지식백과

수수(sorghum)

■ 퀴노아

안데스 고원이 원산지인 퀴노아는 유사 곡물류에 속하며 그 영양학적 가치를 인정받아 서구권에서 인기를 얻었다. 맥주 양조에서는 밀과 비슷한 맛을 내는 장점이 있어 글루텐프리 맥주의 원료로 쓰인다.

출처: 지식백과

퀴노아(quinoa)

지역 특산물 이용

한국은 지역마다 다양한 특산물을 생산하고 있다. 수제맥주가 큰 인기를 끌고 있어 많은 지자체에서는 지역 특산물을 활용한 수제맥주를 상품화하고 있다.

대추, 복숭아, 사과, 배, 고추, 마늘, 대나무, 고구마 등을 첨가하여 각 지역의 특성을 반영한 다양한 수제맥주를 만들고 있다.

2.2 홉(Hops)

홉은 10m 이상 자라는 덩굴식물

홉은 쐐기풀과에 속하는 덩굴식물이며 주변의 나무를 감고 10m 높이까지도 올라간다. 암그루와 수그루로 나뉘고 양조용으로는 암나무만 재배한다. 양조에서 유용한 홉의 부위는 원뿔형 열매로, 많은 양조사들이 이 부분을 꽃이라고 부르지만 실은 꽃차례이며 식물학적으로 열매이다.

홉 덩굴을 기계로 수확

7월이 되면 홉 덩굴은 포(포엽)라고 불리는 꽃들로 뒤덮인다. 여름 내내 적절한 비와 햇빛을 받으면 포는 점점 자라 솔방울 모양이 되는데 이것을 구화라고 한다. 홉의 황금색 암꽃 가루, 루풀린(lupulin)이 모여 있어 수지(나무 송진)를 생산한다. 이 암꽃 가루에는 쓴맛을 내는 분자, 맥주의 맛과 저장성을 위한 알파산, 과일향과 꽃향을 내는 에센셜 오일이 들어 있다.

출처: 대도양조장

홉 열매와 줄기 분리작업

홉은 9월 중순에 수확

홉은 9월 중에 수확한다. 트랙터를 이용해 줄기를 통째로 잘라 창고로 옮기고 잘라 낸 줄기는 기계로 줄기와 구화(솔방울 모양 열매)를 분리한다. 구화는 말려서 신속하게 가공하여 최적의 상태로 보관한다. 뿌리줄기 하나로 약 12년 동안 열매를 맺을 수 있는데 해마다 한 번씩 수확할 수 있다. 수확한 구화는 장기간 보관할 수 있게 즉시 말린 다음 부피를 줄이기 위해 압축한다. 펠렛은 말린 구화를 가루로 만들어서 알갱이 모양으로 압축한 것이다. 저장부피를 더욱 줄여 양조과정에서 계량하기 쉽게 만들어져 있다.

출처: 대도양조장

열매와 잎을 분리하고 펠렛을 만드는 과정

홉이 방부제 역할?

홉은 방부제로 쓰인다. 홉에 들어 있는 알파산은 제균성이 있다. 박테리아나 미생물을 죽이지는 않지만 번식을 막는데, 이러한 성질이 맥주의 장기보관을 가능하게 해준다. 알파산이 내는 쓴맛은 혀의 미각을 반응하게 하는 강한 맛이다. 한편 루풀린에는 에센셜 오일이 풍부하게 들어 있는데 홉의 품종에 따라 과일이나 식물의 맛과 향을 내며 맥주의 맛을 풍부하게 만들어준다.

홉과 맥주에 들어 있는 알파산의 양은 IBU(International Bitterness Unit, 맥주의 쓴맛을 수치화하는 단위)로 측정한다.

맥주를 호프라고 하는 것이 홉 때문이라고?

홉은 맥주의 향미를 만드는 중요한 요소이다. 그래서 맥주를 호프(홉)이라고 한다. 브루어들은 보통 건조홉을 사용한다. 또한 홉은 항균성을 가지며 품종에 따라 오묘하고 풍성한 꽃향기 또는 완전한 열대과일의 느낌까지 다양한 향미를 입힐 수 있다.

맥주를 만들 때 시간차별로 홉을 넣는 이유

재료를 끓일 때 초반에 첨가되는 홉은 쓴맛을 내는 데 동원되고, 중후반에 추가되는 홉(late hopping)은 강렬한 풍미를 제공하며, 마지막에 첨가되는 홉은 향을 더한다.

신선한 과일향기와 정원을 가득 메운 꽃향기로 채우는 아메리칸 IPA 같은 경우 후반단계에서 많은 홉이 추가되었으리라 짐작할 수 있다. 쓴맛내기에 최적화된 홉이 있는가 하면 아로마 형성에 특화된 홉이 있고, 둘 다를 잘 해내는 듀얼 홉도 있다.

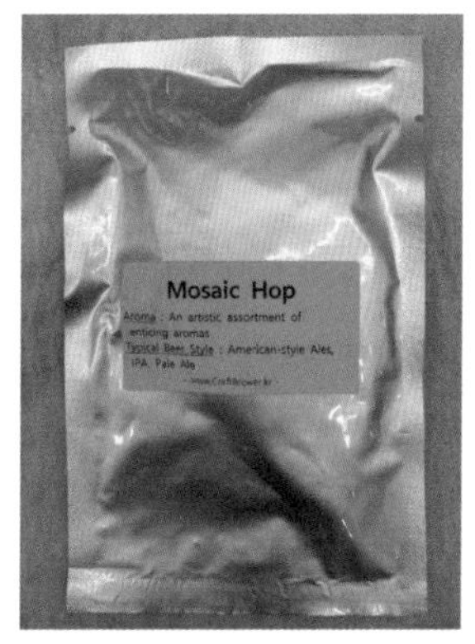

심코 홉

캐스케이드 홉

모자익 홉

세계적으로 유명한 홉

홉은 크래프트 양조장의 발전과 함께 20세기 중반 이후 급격한 발전을 이루게 된다. 홉은 끊임없는 성장세를 보이고 있으며, 수제맥주는 전통적인 라거에 비해 홉을 훨씬 많이 사용하는 방식을 중시하고 있다. 이들은 연구 끝에 개발된 새로운 홉 품종을 선정하여 제품의 향을 강조하였다.

특히 캐스케이드(cascade) 같은 품종은 1970년대부터 각광받기 시작했는데, 강한 자몽향으로 캘리포니아의 시에라 네바다 양조장이 초기 IPA(인디아 페일 에일) 중 하나에 사용했다.

전 세계의 여러 연구소가 무수히 많은 풍미를 가진 품종을 개발하기 위해 경쟁하고 있으며 이러한 열정의 원천은 새로운 홉 재배에 대한 끊임없는 수요이다. 이는 한창 성장하고 있는 수제맥주 양조업계의 필요에 부응하기 위한 것이라 할 수 있다.

세계적으로 유명한 홉은 아래와 같다.

품종명	원산지	원산지	특징적인 향	맥주 스타일
이스트 켄트 골딩 east kent golding	4.5~7%	켄트 (영국)	섬세함, 향신료, 꽃	PA, 스타우트
퍼글 fuggle	3.5~5%	켄트 (영국)	꽃, 멘톨, 허브	PA, 라거, 필스너
스트리셀팔트 strisselspalt	1.5~2.5%	알자스 (프랑스)	향신료, 나무, 허브	필스너, 라거, 세종
미스트랄 mistral	6.5~8.5%	알자스 (프랑스)	흰 과일, 장미	블랑슈, 라거, 세종
바르브루즈 barberouge	8~10%	알자스 (프랑스)	붉은 과일	PA
사츠 saaz	2~5%	보헤미아 (체코)	섬세함, 꽃 허브, 향신료	필스너
할러타우 미텔프뤼 hallertau mittelfruh	3~5%	바이에른 (독일)	섬세함, 향신료, 감귤류	라거, 필스너 블랑슈, 세종
캐스케이드 cascade	4.5~8%	오리건 (미국)	꽃, 감귤류	IPA

시트라 citra	10~12%	오리건 (미국)	자몽, 열대과일	IPA
아마릴로 amarillo	5~7%	오리건 (미국)	감귤류, 살구, 복숭아	IPA
소라치 에이스 sorachi ace	11.5~14.5%	일본	코코넛, 레몬	블랑슈, PA, IPA
갤럭시 galaxy	11~16%	호주	과일, 망고	PA, IPA
넬슨 소빈 nelson sauvin	12~13%	뉴질랜드	패션프루트, 파인애플	PA, IPA

2.3 효모(Yeast)

효모가 맥주를 만든다고?

양조사 즉 브루어 마스터는 맥주가 아닌 맥즙(당화)을 만들며, 효모만이 맥주를 만들 수 있다. 홉을 추가하고 끓여내 식힌 맥즙에 효모를 추가하면 효모는 액체 안의 당류를 왕성하게 먹어 치우며 당을 알코올과 이산화탄소로 전환한다.

효모는 당을 분해해서 에탄올과 이산화탄소, 기타 많은 화학물질을 아주 소량 생산한다. 효모는 단세포 균류로 고대 시대부터 양조와 베이킹(빵)을 위해 배양되어 왔다. 양조에서는 두 가지 주요 효모군이 에일과 라거의 발효를 책임진다.

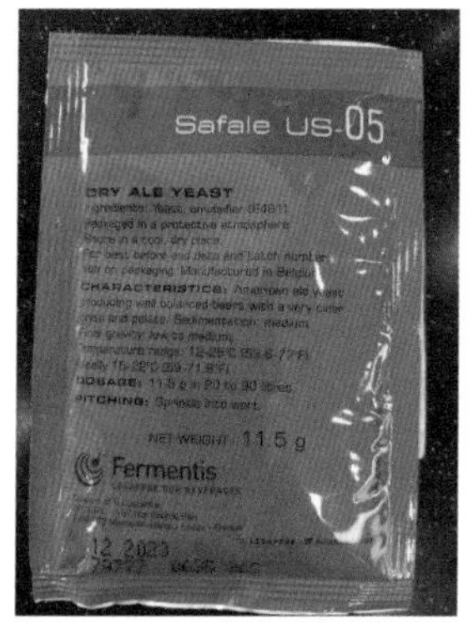

드라이 효모

액상 효모

에일과 라거 맥주는 효모가 다르다?

에일 즉 상면발효(top-fermenting) 효모는 사카로미세스 세레비시아라는 종이며, 라거 효모인 사카로미세스 파스토리아누스는 하면발효(bottom-fermenting)를 한다. 하면발효는 더 낮은 온도에서 이루어지며 라거나 필스너를 만드는 데 사용한다. 효모 세포는 많은 단계를 거쳐 화학작용이 일어나며, 일부 중간단계 생성물은 자체적으로 아로마가 강력해 맥주의 부차적인 아로마와 풍미 요소를 형성한다. 온도가 높을수록 모든 화학작용은 빠르게 일어나는데, 온도가 높을수록 일부 중간단계 생성물질이 세포 밖으로 새어나와 맥주 안으로 들어간다. 낮은 온도에서는 상대적으로 이런 부산물이 적게 생성되며 온도가 높아질수록 부산물은 늘어난다. 이 때문에 에일과 라거에 주된 풍미 차이가 생기는 것이다.

라거맥주와 에일맥주

섭씨 4도에서 7도 사이에서 발효되고 거의 어는점에서 숙성되는 라거는 과일향이나 스파이시한 아로마가 없는 비교적 깨끗하고 순수한 풍미를 가진다.

보통 섭씨 13도가 훨씬 넘어야 발효되는 에일은 과일향의 에스테르와 스파이시한 페놀, 높은 함량의 알코올을 비롯한 다른 복합물 등의 부산물을 계속 달고 있다.

맥주도 음료다? 효모 없이는 발효음료도 없다

진균류에 속하는 효모는 맥아즙의 당분을 알코올과 이산화탄소로 변환시키며 맥주 고유의 맛을 더해주는 역할을 한다. 옛 양조업자들은 발효 도중 양조통 표면에 떠오르는 두툼한 거품인 크라우젠(krausen)을 걷어내 두었다가 다음 통에 양조할 때 사용했다.

당시에는 효모가 일으키는 현상을 완전히 이해하지 못한 상태였다. 효모는 생물계에서 별도로 분류되는 단세포 유기체로 진균류에 속한다. 효모는 맥주를 만들기 위해

당분을 먹는 곰팡이라고 할 수 있다. 양조업자의 역할은 맥아즙에 효모를 넣는 것이다.

맥아즙은 당분이 들어 있는 연한 곡물 수프(감주, 단술)라고 보면 된다. 맨 처음 효모세포는 잠에서 깨어나 번식을 시작한다. 번식기에 효모는 며칠 또는 몇 주 동안 왕성하게 활동하며 맥아즙의 단순당(말토스, 글루코스 등)을 흡수한다. 그 활동의 결과로 생물학적 부산물(알코올, 이산화탄소), 과일향을 내는 에스테르, 향신료향을 내는 페놀과 같은 냄새분자가 만들어진다.

효모는 그 종류가 다양하며 맥주에 각각 고유의 향을 입힐 수 있고, 양조되는 맥주 특성에 따라 각기 다르게 반응한다.

에일 효모의 종류

에일 효모는 약 5000년 이상 맥주의 생산에 사용되어 왔다. 에일 효모는 라거 효모보다 더 높은 온도에서 발효하며 발효조의 상부에 모이는 경향을 보이고 있어 상면발효 효모라고 한다. 에일 양조의 오랜 전통으로 인하여 사용할 수 있다는 다양한 에일 효모가 존재한다. 에일 효모의 종류를 알아보도록 하자.

▪ 벨기에

벨기에에서 많이 사용하는 효모는 벨지안 스타일의 효모로서 약간의 정향과 페놀 향기를 포함하고 꽤 높은 정도의 과일과 에스테르의 특성을 내는 효모로 기술되며 높은 알코올 내성을 가지고 있다. 당분 저감도와 엉김은 중간 이상이다. 벨기에 효모는 가끔 애비(abbey) 또는 트라피스트(trappist)로 라벨에 기입되어 있다.

▪ 미국

전통적인 미국 효모는 중성적으로 표현되는 깔끔하고, 매끄러운 맥주를 생산하며 비교적 낮은 온도에서 잘 발효된다. 미국 효모는 대부분 라거맥주용으로 많이 사용되고 있으나 에일맥주용의 효모도 있다. 발효 중 당분 저감도는 중간 정도가 전형적이다. 엉김은 낮거나 중간 정도이다. 미국 효모는 보통 다목적용 효모로 가장 많이 사용된다고 할 수 있다.

■ 영국

영국은 에일맥주의 대표국가답게 다양한 효모를 가지고 있다. 다양한 맛과 향을 만들기 위한 효모의 개발이 가장 활발한 국가라고 할 수 있다.

영국의 대표적인 효모를 소개하도록 하겠다.

효모의 종류	특징
휘트브래드	시큼하고, 깨끗하고, 잘 균형 잡힌 발효가 효과적으로 빨리 진행되는 효모. 효모의 최적 온도는 21℃ 정도. 발효에 의한 당분 저감도와 엉김 정도는 중간
런던 효모 (London yeast)	약간의 디아세틸 혹은 목질 맛과 함께 광물질의 특성을 나타내며, 싱싱하고 시큼함 중간 정도의 발효에 적당함. 당분 저감과 엉김현상을 보임. 최적 발효온도는 18~20℃
우디 효모 (woody yeast)	발효로 인한 당분의 이용도가 낮은 효모. 이 효모는 일반적으로 맥아가 내는 맛 중에서 목질의 맛 혹은 오크목의 맛을 냄
풀바디 효모 (full-bodied yeast)	고전적인 에일맥주의 과일 맛을 보이며 부드럽고 풍부한 맛을 냄
클래식 효모 (classic yeast)	오랜 전통이 있는 영국의 양조장에서 출시된 것으로, 은은한 과일 향기가 나는 깨끗하고 균형 잡힌 맥주를 생산
스카티시 (scottish yeast)	저감도가 낮은 특성을 가지고 있으며 13℃의 낮은 온도에서도 잘 발효되기 때문에 스코틀랜드 양조자들의 저온 발효가 가능한 효모

■ 독일

독일 효모는 2가지 균주가 존재한다. 하나는 매우 담백하고 깨끗한 맥주를 제조하는 반면 다른 하나는 매우 달콤하고 맥아 향기가 진한 맥주를 만드는 효모로 나누어진다.

■ 캐나다

효모는 깨끗하고 약간의 과일 맛을 제공한다. 이 효모는 발효도가 높고 엉김현상을 많이 일으키며 담백한 맥주를 생산한다. 크림 에일, 페일 에일을 포함하는 담백한 맛의 에일맥주 제조에 많이 사용하고 있다.

2.4 물(Water)

맥주의 90%는 물

맥주의 90%는 물로 이루어져 있다.

그래서 수질이 좋은 물을 사용하지 않으면 맥주의 품질에 많은 영향을 미친다. 보통 산성의 양조용수를 사용한다. 최근에는 이온교환 수지의 발달로 이상적인 수질을 얻을 수 있기 때문에 좋은 맛의 맥주를 양조할 수 있다.

그러나 맑고 깨끗한 물은 맥주를 만드는 데 있어 아주 중요한 역할을 하며 청정지역의 양조용 물이 절대적으로 필요하다고 할 수 있다.

필자는 청정하고 깨끗한 강원도 지역이나 청주, 충주 등의 오염이 상대적으로 덜된 지역과 경북의 북부 내륙지역이 향후 우수한 맥주를 만들 수 있는 중요한 지역으로 관심을 받을 것이라 생각한다.

어떤 물로 맥주를 만드는가

"물은 어디서 오는가? 어떤 물로 맥주를 만드는가?"는 브루잉 마스터들이 가장 자주 받는 질문 중 하나이다. 이러한 질문은 브루잉 마스터들에게 조금 곤란한 질문일 수 있으나 사실 특별한 물은 없다. 그냥 수돗물을 사용한다.

"저희 맥주는 빙하에서 양조합니다."라는 답보다는 덜 매력적으로 들릴 수는 있겠지만 대부분 수돗물인 상수도를 사용한다. 물은 음료에 있어서 즉 맥주에 있어서 아주 중요한 역할을 하는 것이 사실이다.

물은 무엇으로 구성되어 있는가

순수한 물의 경우 무색투명하고 무미 · 무취하다. 물은 고체와 같이 일정한 체적을 가지나 온도에 따라 수축 · 팽창되며, 점성은 온도의 상승에 따라 감소하는 경향을 보인다. 물의 비중은 4℃에서 최대가 된다. 그러나 탁수(濁水)의 비중은 1.01, 해수의 비중은 1.025로 온도와 성분에 따라 비중이 달라진다.

물은 비열이 높아서 다량의 열을 흡수하더라도 자신의 온도는 크게 변하지 않는다. 이러한 현상은 이웃하는 물 분자끼리 수소결합(hydrogen bonds)을 이루고 있어 이러한 수소결합이 형성되거나 끊어질 때 약간의 열에너지가 저장 또는 방출되기 때문에 나타난다.

물은 액체에서 기체로 될 때, 다량의 열을 흡수하는 성질이 있고 열전도율 또한 높다. 이러한 물의 성질 때문에 더운 날씨에 땀이 증발되면 시원한 느낌을 갖게 되고 체내에서는 열이 고르게 분포될 수 있다. 물은 1기압 0℃에서 얼음이 되고 100℃에서는 끓어 수증기가 되는데, 물속에 함유된 다른 성분들의 양에 따라 빙점(氷點)이 0℃보다 낮아지며, 압력의 변화에 따라 비등점(沸騰點)도 달라진다.

물의 중요 구성성분은 아래와 같다.

구성물	역할
SO_4	황산염. 건조하고 매우 강렬한 맛
Cl	염화물, 식용소금, 염화물은 맥주의 맛을 향상시킴. 단맛과 감미로움을 더하며 맥주 안정성을 증진시키고 투명도를 개선
pH	용액의 산성과 알칼리성을 측정하기 위한 12개 단계의 척도. 7은 중성. 낮은 수는 산성이고 높은 수는 알칼리 또는 염기성임
경도	경도에 영향을 미치는 전체적인 이온으로 표현
염소	녹은 형태(HOCl)는 공적인 물 공급을 위생적으로 하기 위하여 사용. 끓이면 휘발함
Ca	칼슘. 물의 경도에 중요한 영향을 미치고, 당화와 양조화학에서도 중요한 역할을 함
Mg	마그네슘. 경도의 제2무기물로 효소 보조인자이자 효모 영양소
Na	나트륨. 적당한 수준에서 맥주의 시큼한 짠맛을 향상
Fe	철. 금속 특유의 피 또는 잉크 맛이 남
HCO_3	중탄산염 또는 탄산염(CO_3) 물 관련 보고서에서는 알칼리성으로 표현

출처: 한국민족문화대백과사전

출처: 일본 교토 스프링 밸리

효모, 홉, 맥아

Craft Beer
Bible

제3장

맥주의 맛 – 장비와 위생관리로부터

1. 수제맥주 만들기 장비
2. 세척과 소독 및 관리

수제맥주 만들기 장비

맥주 장비관리의 중요성에 대하여 알아보자. 아무리 좋은 원료와 재료를 구입하고 맥주 마스터의 실력이 우수하다고 해도 맥주 만드는 장비 관리의 미흡함은 곧 맥주의 상품성을 저하시킬 수 있다.

소규모 브루어리에서는 대부분 독일제나 이탈리아제 장비를 사용한다. 최근에는 기술이 발달한 중국제 장비들도 유럽산에 비하여 저렴한 가격에 설치할 수 있어 소규모 브루어리 창업자에게 많은 인기를 얻고 있다.

여기에서 설명하고자 하는 수제맥주 장비들은 홈브루잉 및 학교, 교육기관에서 사용할 일반적으로 쉽고 간단하게 구매할 수 있는 장비들이다. 소개하는 장비들을 책과 함께 실습실 및 현장에서 비교하며 장비의 이름을 익히도록 하자.

수제맥주 장비

■ 당화조

당화조(통)는 맥아로부터 맥즙을 얻기 위하여 전기나 LPG를 사용하여 물을 끓이는 장비이다. 보통 스테인리스 재질로 된 38~40L 통을 사용한다.

온도계가 있는 38L 당화조

자동 온도조절 38L 당화조

소규모 양조장 500L 당화조

홈브루잉 당화조

■ 당화 온도계, 그물망, 국자, 맥즙 거를 채반

수동으로 당화를 하는 당화조의 경우 별도의 온도계가 필요하다. 당화조에 온도계가 달려 있는 스테인리스 통도 있지만 없는 당화조에 사용하기 위하여 온도계는 필수적으로 보유해야 한다.

그물망은 자동 당화조는 필요가 없으나 수동 당화조를 사용할 경우 곡물(맥아)을 효율적으로 당화하기 위하여 필요한 장비이다. 그물망에는 여러 종류가 있으며 당화조의 사이즈에 맞게 구입하면 된다.

자루가 긴 국자는 당화 과정에서 당화되고 있는 맥아를 저어주기 위하여 필요한 장비이다.

온도 측정을 위한 온도계

맥아를 담을 그물망

맥즙 거르기용 채반

자루가 긴 국자

■ 칠러(Chiller)

칠러는 100℃까지 끓인 맥즙을 순간 냉각시키기 위하여 필요한 장비이다. 구리로 된 칠러는 한쪽으로 차가운 물을 연결하면 다른 한쪽으로는 물이 돌아 나오는 구조로 되어 있다.

음식의 맛을 좋게 하기 위하여 센 불에 요리를 하여야 하듯이 맥즙 또한 짧은 시간에 순간 냉각을 시키는 것이 중요하다.

수동으로 냉각해야 하는 관계로 때로는 페트병을 얼려서 사용하거나 얼음을 사용하여 냉각시키기도 한다.

수동 당화조의 칠링 모습

칠러1

맥즙을 순간 냉각시키기 위하여 얼음을 사용하는 모습

자동 당화조의 칠링 모습
한쪽에는 차가운 물을 주입하고 다른 한쪽에는 호스를 연결하여 돌아 나오는 물을 배출

칠러2

■ 계량컵, 비중계, 전자저울

사이즈별 계량컵

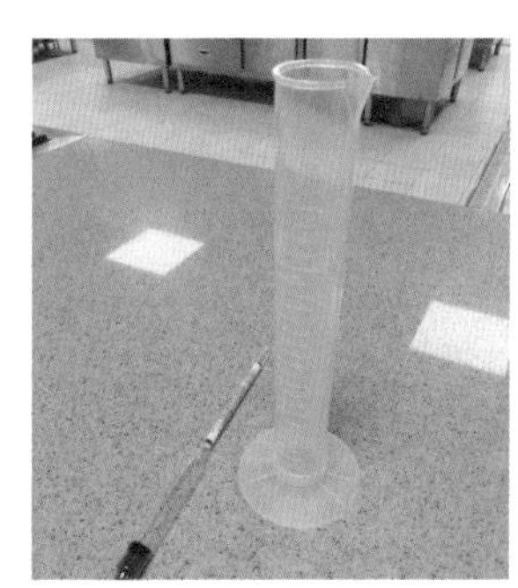

비중계

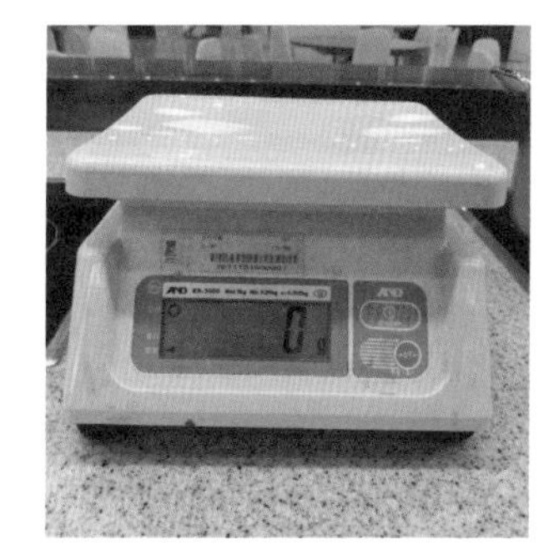

전자저울

계량컵은 맥아의 양을 측정하거나 혼합할 때 필요한 장비로 kg 표시가 되어 있는 것을 사용한다. 비중계는 알코올 도수를 측정하기 위하여 초기비중과 종료비중을 측정하기 위한 장비이다. 비중계는 사이즈의 종류가 있는데 가능하면 큰 사이즈의 비중계를 준비하면 좋다. 전자저울은 맥아의 양을 측정하기 위한 장비로 1,000g 단위로 측정이 가능하고 5~10kg을 잴 수 있으면 된다.

■ 발효조(통), 에어락, 수도꼭지, 에어락 밴드

발효조는 자비(맥즙을 끓이는 과정) 후 20~25℃로 식힌 맥즙을 효모와 함께 1차 발효를 시키기 위한 장비이다. 보통 플라스틱 통으로 되어 있으며 용량은 38L 통을 사용한다.

에어락은 공기를 차단하는 장비로 내부의 가스(이산화탄소)를 외부로 배출하고 외부의 공기는 내부로 유입되지 않게 구성되어 있다. 에어락은 발효에 있어 뷔페와 산화를 막아주는 아주 중요한 역할을 한다. 수도꼭지는 발효조(통)에 연결하여 발효가 끝난 맥주를 병으로 옮겨 담을 때 유용하게 사용된다. 에어락 밴드는 발효조에 에어락을 장착할 때 공기 유입을 막기 위해 필요한 장비이다.

에어락

수도꼭지

에어락 밴드

발효조(통) 38L

에어락과 수도꼭지 장착모습

■ 맥주 담는 내압병, 병 건조대

맥주병은 여러 가지 사이즈가 있으나 보통 1L 병을 사용하며 뚜껑은 내압이 가능한 내압 뚜껑을 사용한다. 경우에 따라서는 캔을 사용하여 캔 맥주를 만들기도 한다.

상품의 가치를 높이기 위해 유리병을 사용하기도 하나 처음 수제맥주를 접하는 초심자들은 페트병을 사용하는 것이 병입하는 데 효율적일 것이다.

내압 뚜껑이 있는 1L 병

병 세척 건조대

세척과 소독 및 관리

세척과 소독의 중요성

맥주 만드는 과정에서 세척과 소독은 가장 중요한 과정이다. 맥주 만들기의 시작과 끝이라고 할 정도로 중요한 과정이다.

세척제는 장비 표면의 단백질, 수지 성분, 유기 · 무기염 및 미생물 등 오염물을 제거하는 역할을 한다.

세척 시 가장 간단하면서 환경오염을 방지할 수 있는 세척제는 물이지만 제조장의 모든 오염물을 물로써 세척하는 데는 한계가 있다. 소독제의 경우 세척제와 같은 기능을 갖추어야 하며 세정력이 아닌 소독 또는 살균 기능을 할 수 있어야 한다.

당화, 자비 및 발효에 사용되는 모든 장비들은 세균이 쉽게 번식할 수 있는 영양분과 수분을 잘 갖추고 있다. 따라서 모든 장비는 사용 전후 소독 및 살균의 과정을 꼭 거쳐야 한다.

맥주가 정상적으로 만들어지지 않거나 알코올 도수가 목표한 도수만큼 나오지 않는다면 분명 오염되었거나 부패되었을 경우가 많다. 꼭 소독 및 세척을 통해 오염으로부터 안전한 맥주를 만들어야 할 것이다.

스타산 소독제

많이 사용하는 소독제 중 노린스 소독제인 스타산은 헹구지 않고 그대로 사용하는 소독제이다. 분무기로 소독을 하고 나면 거품이 남는 것을 볼 수 있는데, 남아 있는 거품의 상태로 사용하면 된다. 거품을 제거하기 위하여 닦아내거나 물로 씻어내면 그에 따른 오염이 생긴다.

스타산의 거품은 인체에 무해한 정도로 희석해서 사용해야 안전하다. 희석할 때, 농도가 짙다고 해서 소독 효과가 큰 것이 절대 아니므로 용기에 표시된 희석 비율은 반드시 지키도록 한다.

소독할 때, 맥즙이 닿을 수 있는 모든 부분에 충분히 분사하여 맥주가 오염되지 않도록 하여야 한다.

스타산과 비슷한 노린스 소독제로는 국내 제품인 퍼멘터 클린이 있다. 또는 의료 소독용 에탄올이나 무향 락스를 사용하기도 한다.

의료 소독용 에탄올은 용기에 표기된 농도를 확인한 후 70~75%로 희석해서 사용하여야 한다. 의료 소독용이므로 당연히 인체에 무해하다. 다만 에탄올을 분무기에 넣어 사용할 경우 호흡기 화상을 입을 수 있고, 주변에 화기가 있을 경우 화재의 위험이 있기 때문에 각별히 주의하여야 한다.

가장 많이 사용하는 스타산의 물과 희석 비율은 아래와 같다.

스타산 희석 비율
물 1리터 : 스타산 1.6ml

무향 락스를 사용할 경우 희석한 용액에 담가 소독한 후 미지근한 물로 여러 차례 헹구어야 한다. 무향이라고 하지만 충분히 헹구지 않으면 맥주에서 락스향이 날 수도 있다.

스타산 원액

분무기

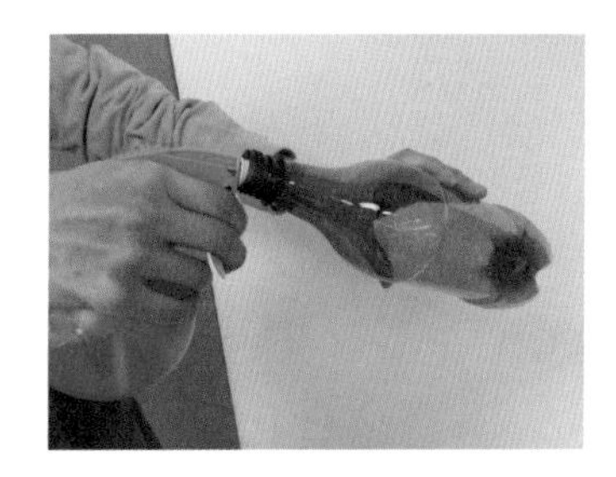
소독하는 모습

Craft Beer
Bible

제4장

수제맥주 만들기 어렵지 않아요

수제맥주 만들기의 기본 알기

1.1 수제맥주 만들기의 일반적 흐름

장비 모으기

홈브루잉이나 학교 실습의 첫 번째 단계는 장비를 모으는 것이다. 시작하려면 물 끓일 통(스테인리스 38L 곰솥), 발효통(식품 등급의 대형 플라스틱 38L 통), 에어락, 수도꼭지, 사이펀 호스, 소독액, 물론 보리 등의 재료가 필요하다. 맥주병을 포함한 모든 장비는 사용하기 전에 반드시 헹구고 소독하여야 한다.

맥주 스타일 선택하기

다음 단계는 만들 (양조) 맥주의 종류를 선택하여야 한다. 라이트 에일부터 다크 스타우트, IPA, 블론드 에일 등 이국적인 스타일까지 다양한 맥주 스타일을 선택할 수 있다. 약간의 조사를 수행하고 어떤 스타일의 맥주를 만들 것인지 결정하여야 한다. 특정 스타일의 맥주를 만드는 데 필요한 모든 재료를 준비하여야 한다.

참고로 다음 장인 5장에서 나만의 스타일에 맞는 맥주 레시피 작성 관련 양식을 만들어두었다.

재료 모으기(완전곡물 양조 기준)

장비를 갖추고 맥주 스타일을 선택했다면 이제 재료를 모을 차례이다. 스타일에 따라 맥아, 홉, 효모 및 기타 향료가 필요할 수 있다. 맥아는 만들고자 하는 맥주의 스타일에 따라 선택, 홉은 맥주에 쓴맛과 향을 더해주는 식물이다. 효모는 실제로 맥주를 발효시켜 맥아의 당분을 알코올로 바꾸는 역할을 한다. 맥주 스타일에 따라 향신료, 과일 또는 초콜릿과 같은 향료가 필요할 수도 있다.

수제맥주 만들기

이제 실제로 맥주를 만들 차례이다. 모든 장비와 재료를 소독하는 것에서 시작된다. 맥주에 들어 있는 박테리아나 야생 효모가 맥주를 망칠 수 있기 때문에 이것은 매우 중요한 단계이다. 모든 것이 소독되면 양조과정을 시작할 수 있다. 큰 스테인리스 통에 맥아를 끓여 당화를 하고 홉을 함께 넣어 끓인 다음 혼합물을 식히고 발효통에 옮긴다. 효모를 넣고 발효통을 밀봉한 다음 에어락을 설치하고 맥주가 발효되는 동안 7일에서 14일 정도 숙성을 시킨다.

병에 맥주 담기

맥주가 발효를 마치면 병에 담을 차례이다. 병과 뚜껑을 소독하는 것으로 시작된다. 그런 다음 발효통에서 병으로 담기를 한다. 소량의 설탕(8g)을 맥주에 넣어준다. 이렇게 하면 맥주가 병에 담겼을 때 맥주를 탄산화하는 데 필요한 당분을 효모에 제공할 수 있다.

수제맥주 맛보기(관능평가)

맥주가 탄산화될 시간은 7일 정도이다. 병을 오픈하고 유리잔을 이용하여 테이스팅을 한다. 노동의 결실을 즐기고 다양한 맥주 스타일과 레시피를 실험해 보면 좋겠다. 홈브루잉 또는 학교 실습은 재미있고 보람 있는 성취감에서 시작하여야 하며 나아가 좀 더 연습을 거치고 나서 전문가의 길로 가보면 어떨까 생각한다.

1.2 수제맥주 양조 용어

수제(Craft)맥주의 양조 순서는 홈브루잉 및 학교 실습과 상업양조에 조금의 차이가 있으나 기본적인 양조 방법은 같다고 할 수 있다. 수제맥주 양조 시에 사용되는 명칭은 아래와 같으니 용어를 꼭 알아두도록 하자.

수제(Craft) 맥주 양조 시 사용되는 용어

양조 용어	해석
보리(barley)	맥주 양조에 사용되는 곡물
몰팅(malting)	싹 티운 보리를 뜨거운 바람에 건조시키거나 볶는 과정
몰트(malt)	싹 티운 보리를 건조시켜 말리고 볶아 놓은 상태
밀링(milling)	효율적인 당화작업을 위하여 적당한 크기로 파쇄하는 과정
매싱(mashing)	적정한 온도에서 당화하는 과정 : 맥즙을 만드는 과정
라우터링(lautering)	맥즙을 맑게 여과하는 과정
스파징(sparging)	남아 있는 맥즙을 헹구어내는 과정
보일링 & 홉핑 (boiling & hopping)	맥즙을 끓이면서 홉을 넣어 맥주의 쓴맛을 만드는 과정
월풀(whirlpool)	끓이는 과정 후 맑고 투명한 맥주를 위한 여과 과정
히트 익스체인지 (heat exchange)	칠링 : 칠러(chiller)를 사용하여 맥즙의 온도를 차갑게 내리는 과정
에어레이션(aeration)	식힌(칠링) 맥즙에 거품을 많이 일으켜 산소를 공급해주는 과정
퍼멘테이션(fermentation)	발효
O.G(original gravity)	초기비중
F.G(final gravity)	종료비중
매추레이션(maturation)	숙성
디콕션 매싱(decoction mashing)	당화 중 곡물의 일부분을 덜어내어 높은 온도로 올려주고 다시 합쳐서 온도를 조절하는 방법
필트레이션(filtration)	맥즙 속 작은 입자의 불순물을 걸러내는 과정(소규모 맥주양조장에서는 생략)
패키징(packaging)	마지막 단계로 케그 또는 병에 담는 과정

2 완전곡물(맥아)로 수제맥주 만들어볼까

수제(craft)맥주 만드는 방법에는 여러 가지가 있다. 액상으로 된 익스트랙트(LME) 및 분말로 된 익스트랙트(DME)를 사용하여 만들 수도 있다. 그러나 여기서 소개하고자 하는 방법은 완전곡물을 사용하여 만드는 방법이다.

완전곡물로 수제맥주 만드는 방법을 익히게 되면 LME와 DME로 만드는 방법은 너무나 간단하기 때문에 아주 쉽게 할 수 있다.

필자가 만드는 방법을 아래에 소개하니 따라 해보도록 하자.

① 몰트를 선택해서 배합을 한다.

② 선택된 몰트 5kg을 분쇄한다.

③ 당화조에 60분간 당화과정(끓이기)을 거친다.

④ 60분간 끓이면서 10분에 한번씩 저어준다.

⑤ 맥즙과 곡물을 분리한다.

⑥ 곡물 속에 남아 있는 당분을 회수(스파징)한다.

⑦ 맥즙을 60분간 끓이기를 한다.

⑧ 시간대별로 홉을 넣어준다.

끓기 시작 0분, 30분, 45분, 55분에 각각 28g씩 넣기

⑨ 맥즙을 칠러로 식히기를 한다.

⑩ 맥즙을 발효조로 옮기기를 한다.

⑪ 초기비중을 체크한다.

⑫ 효모를 투입한다.

⑬ 라벨을 붙이고 1차 발효를 한다.

⑭ 병입하고 2차 발효를 한다.

2.1 1L 수제맥주 20병 만들기(20L)

몰트(맥아) 선택과 배합

아래 설명하는 진행 과정은 20L 즉 1L 수제맥주 20병을 만드는 과정이다.

알코올 도수와 맥주 스타일이 정해지면 레시피에 의거하여 곡물을 선정하고 배합하는 과정이다. 가장 먼저 사용할 맥아를 선택한다.

■ 배합할 몰트(맥아) 5kg을 준비한다.

분쇄된 페일 몰트

여러 종류의 몰트(완전곡물)

■ 몰트의 종류

맥즙을 만드는 몰트는 크게 두 가지로 나누어지는데 맥주의 주성분이 되는 베이스 몰트와 맥주의 색, 맛 그리고 질감 등에 영향을 주는 특수 몰트가 있다.

구분	몰트명	몰트의 특징
베이스 몰트	투로우 몰트(two-row malt)	2줄보리, 밝은 색, 유럽 전통적인 페일 에일에 베이스 몰트로 사용
	식스로우 몰트(six-row malt)	6줄보리, 미국식 라거에 많이 사용
	필스너 몰트(pilsner malt)	색이 밝고 풍미가 다양하며 필스너용
	밀 몰트(wheat malt)	밀맥주용
	비엔나 몰트(vienna malt)	금빛을 띠고 유럽식 짙은 색의 맥주에 사용
	뮤니크 몰트(munich malt)	비엔나 몰트와 비슷함, 흑맥주용 몰트
	라이 몰트(rye malt)	달콤하지만 쌉싸름한 끝맛 맥주용
특수 몰트	크리스탈/캐러멜 몰트 (ctystal/caramel Malt)	밝은 색은 필스너, 세종, 헤페바이젠, 벨지안 블론드에 사용, 어두운 캐러멜은 흑맥주용
	덱스트린 몰트(dextrin malt)	카라필스(Carapils)라고도 하며 거품 유지력을 강화
	초콜릿 몰트(chocolate malt)	흑맥주(포터) 핵심 맥아이며 단맛이 강함
	카라파 몰트(carafa malt)	커피맛과 향을 내며 포터, 스타우트 핵심 몰트
	애시드 몰트(acid malt)	신맛이 나는 맥아로 상큼한 맛을 낼 때 사용

몰트 분쇄

맥아를 분쇄하는 이유는 당화과정에서 물과의 접촉 면적을 넓혀 가용성 물질의 원활한 용출을 통해 효소작용을 용이하게 하고 여과를 쉽게 하기 위해서다. 즉 맥아(보리를 싹틔워 건조 후 볶아놓은 상태)로부터 당분을 쉽게 얻기 위함이다.

■ **선택된 몰트 5kg을 분쇄한다.**

맥아를 분쇄기에 넣음

분쇄기로 맥아를 분쇄함

분쇄한 맥아(몰트)

수동 분쇄기

자동 분쇄기

 당화(매싱(mashing), 맥즙 만들기)

당화는 맥아의 가용성 성분을 용출시켜 주는 단계로 탄수화물을 효모가 발효시킬 수 있는 당분으로 전환시키는 과정을 말한다.

- 분쇄된 맥아를 당화조(스테인리스 38L 통)에 넣고 약 68~70℃ 구간에서 60분간 당화과정(끓이기)을 거친다.
- 맥아를 넣기 전에 먼저 물을 약 68~70℃로 끓여 놓는다.
- 수동 당화조(LPG)를 사용할 때

당화조 68℃ 유지

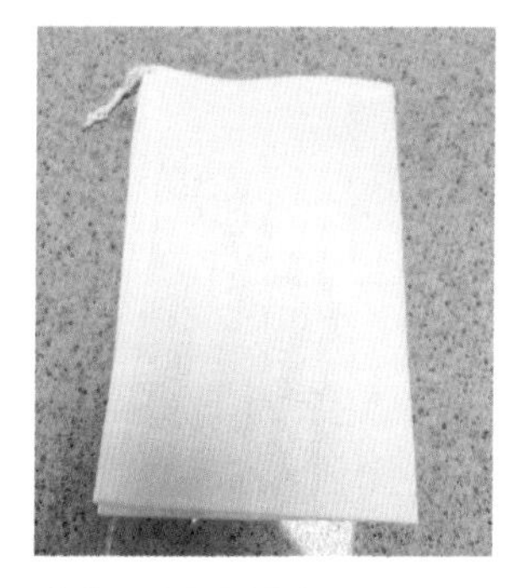

삼베로 만든 곡물망

당화조에 곡물망 씌우기

곡물망에 맥아를 넣어 당화

■ 자동 당화조(술통)를 사용할 때

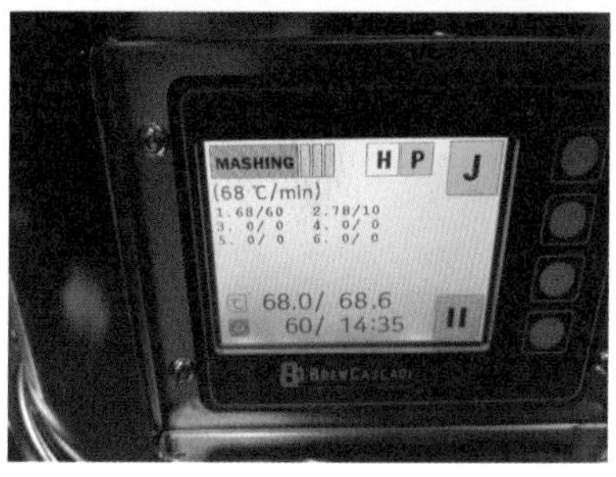

68℃의 당화조에 맥아를 넣음

이 온도에서 탄수화물을 당분으로 바꿔주면 효소가 활성화된다. 당화 온도와 시간은 만드는 맥주의 종류와 맥아의 종류에 따라 다양하게 바뀔 수 있다. 당화 과정은 식혜(감주)를 만드는 과정과 유사하다. 또한 당화 온도가 60℃ 초반으로 내려갈수록 효모가 발효시킬 수 있는 맥아당이 많이 생성되어 드라이한 맥주를 만들 수 있고 70℃ 근처로 올라갈수록 다당류가 많이 생성되어 바디가 풍부한 맥주를 만들 수 있다.

당화 중 저어주기

당화조 내의 가운데 온도와 당화조 내벽 바깥쪽 온도가 다르기 때문에 가끔씩 저어주면서 당화수율을 높여준다.

- 60분간 끓이면서 10분에 한번씩 저어준다.
- 타이머를 활용하여 시간을 책정한다.
- 저어주는 것은 당분이 잘 우러나 맥즙의 수율을 높이기 위함이다.

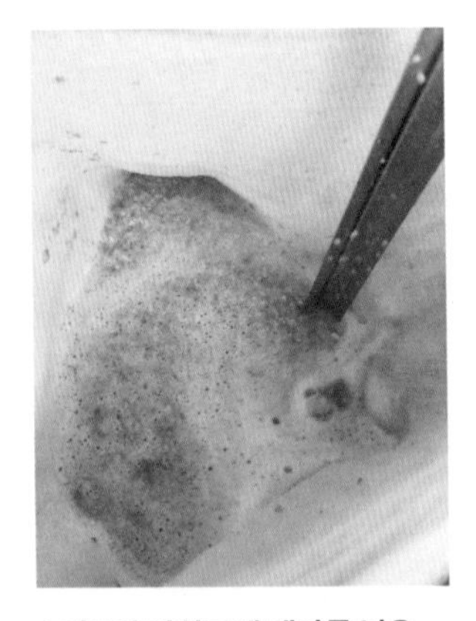

68℃의 당화조에 맥아를 넣음

저어주는 모습

자동 롤링(저어주는 효과)

맥즙과 곡물 분리

곡물 속 전분이 당으로 전환되면 곡물껍질을 걸러주는 과정이다.

채반을 사용하여 곡물이 든 그물망을 들어올려 맥즙만 분리시킴

자동 당화조(술통) 맥즙 분리

곡물 속에 남아 있는 당분 회수(스파징)

당화가 끝나면 맥아액 즉 맥즙을 추출하게 된다. 당화가 끝난 매쉬는 맥아 찌꺼기를 제거하고 맥아액을 추출하는 과정으로 이 곡물 찌꺼기 위에 맥아액을 받아낸다. 이 과정을 맥즙 여과라고 하며 맥즙을 얻기 위함이다.

또한 찌꺼기에 아직 많은 당분이 남아 있는데 이 당분을 회수하는 작업을 스파징(sparging)이라 한다. 스파징 과정은 약 75℃의 뜨거운 물을 맥아 찌꺼기에 부어 남아 있는 당분을 거두는 과정으로 온도가 너무 낮은 물을 사용하면 당분의 회수가 원활하지 않고 너무 높은 온도에는 탄닌 등 잡맛을 내는 성분이 같이 추출되므로 온도를 잘 맞춰주는 것이 중요하다.

보통 스파징은 2L의 물을 사용한다. 물을 미리 68~70℃로 끓여 놓았다가 사용하면 효율적이다.

2L의 물을 사용하여 남은 맥즙을 모두 추출(스파징)

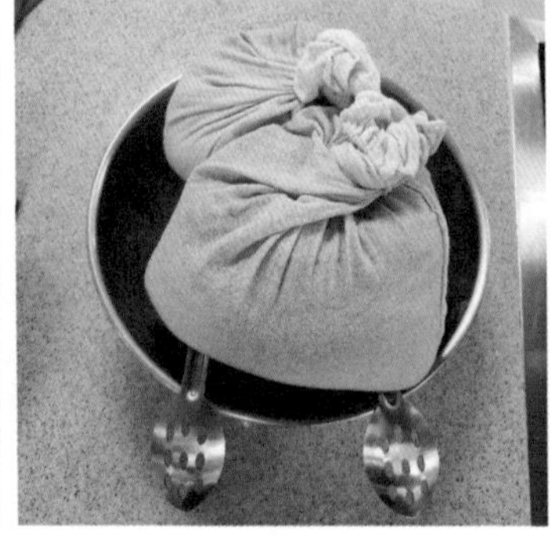

남은 맥즙을 모으는 모습

곡물 껍질을 분리한 맥즙 모습, 22~23L 표준임

자동 당화조에서의 스파징 모습, 2L의 물을 사용함

 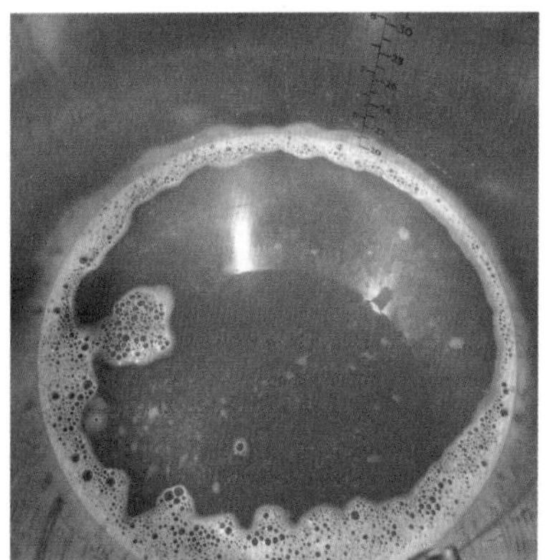

곡물 껍질을 분리하고 난 맥즙의 모습, 22~23L 표준임

맥즙 60분 끓이기

당화 과정이 끝나고 곡물 껍질을 제거한 다음 맥즙 끓이는 과정을 진행한다. 이때 불순물은 응집되고 잡균도 소독된다. 20L의 맥주를 만들려면 필요한 전체 맥즙의 양은 22~23L가 필요하다. 이는 맥즙을 1시간 끓이는 과정에서 2~3L가 증발되기 때문이다.

2~3L는 우리에게 맛있는 맥주를 주는 천사의 몫이라 할 수 있다.

수동으로 100℃로 끓이는 모습

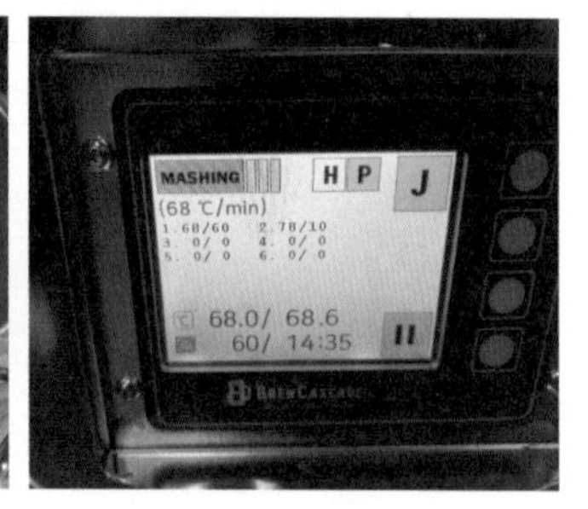

자동 자비부(끓이는 과정)의 모습

시간대별 홉 넣기

맥즙 자비(끓이는 과정)에서 맥주의 중요한 요소인 홉 첨가가 함께 진행된다. 홉을 첨가하는 이유는 맥주의 고미성분과 향기를 추출하고 효소의 파괴 및 살균이 목적이다.

홉의 첨가량은 완성된 맥즙이 23~25L라면, 112g(28g 홉 4봉지) 정도가 좋고 맥즙을 끓이는 동안 3~4회에 나누어 첨가하며 첨가량은 맥주의 종류나 홉의 종류에 따라 달라지며 맥주의 쓴맛, 향 등을 결정한다.

먼저 쓴맛을 내기 위한 비터링은 홉을 넣고 60분 정도 끓이고, 풍미를 첨가하기 위한 홉은 15분 끓이고 이를 향(flavoring)이라 한다. 향 첨가하는 방법은 맥즙을 끓이기 마지막 5분 전에 넣고 끓이는 마무리와 발효 시 향을 위한 홉을 그냥 뿌리는 드라이 호핑 두 가지가 있다.

홉은 청정제 역할을 하기도 하며 같은 홉이라 하더라도 끓이는 시간에 따라 쓴맛만 추출하거나 향까지 더할 수 있다.

캐스케이드 펠렛 홉(28g)

홉을 투입하는 모습

홉을 넣는 시간

구분	시간	투입량	스타일
맥즙이 끓기 시작할 때(60분)	0분	28g	
맥즙이 끓는 중간	30분	28g	
	45분	28g	
마지막 5분 전	55분	28g	

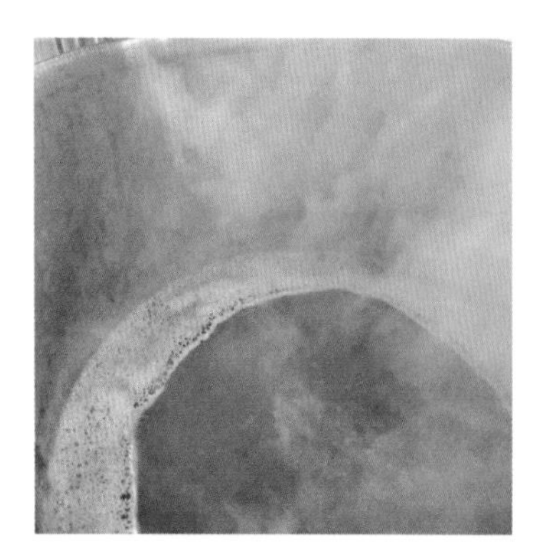

100°C로 끓는 모습

뚜껑을 닫아 수증기 유출을 최대한 방지

맥즙을 칠러로 식히기

다음은 콜드브레이킹 과정이라고 하는 냉각과정이다. 빠른 시간 안에 냉각시켜야 한다. 뜨거운 상태의 맥즙은 산화가 되어 맥주 맛이 변질될 가능성이 높고 칠링(chilling, 차갑게 하는 과정)시키는 과정에서 남아 있는 부유물이 응고되거나 침전되는 것을 최소화하기 위함이다. 100°C의 온도를 순간 냉각시켜야 하며 25°C 정도가 적당하다.

얼음이나 냉동 페트병 활용

물 순환 칠러 사용 모습

25°C까지 내려가는 온도 확인, 찬물 연결과 순환 과정

자동 당화조 칠링 모습

물 냉각 장비

맥아의 단백질 및 홉의 찌꺼기

25°C까지 내려가는 온도 확인

맥즙 발효조로 옮기기

끓이는 작업이 마무리되고 자비(식히는 과정)를 통해 맥즙이 25℃까지 내려가면 다음 단계는 효모와 함께 맥즙의 발효를 진행한다. 발효를 하기 위하여 먼저 발효조(통)와 수도꼭지를 연결하고 스타산 소독제를 사용하여 통을 소독하여야 한다.

효모 및 맥즙은 오염에 민감하기 때문에 소독 및 청결이 매우 중요한 준비과정이라 할 수 있다.

이때 분무된 소독제를 행주로 닦아내는 작업을 하는 경우가 있는데 닦아낼 필요가 없다. 소독제는 앞에서 설명한 것처럼 소량은 음용이 가능하고 인체에 무해하기 때문에 분무 후 그대로 사용한다. 닦아내기 위하여 행주를 사용하면 오히려 오염의 소지가 있다.

처음 옮기기 시작할 때 맥즙이 떨어지는 낙차를 크게 하여 거품이 일어나도록 한다. 이것을 에어레이션(aeration)이라고 하는데 에어레이션은 맥즙에 산소가 충분히 들어가 발효가 잘 되도록 하는 역할을 한다.

맥즙을 발효조에 옮겨 담는 과정을 아래에서 보도록 하자.

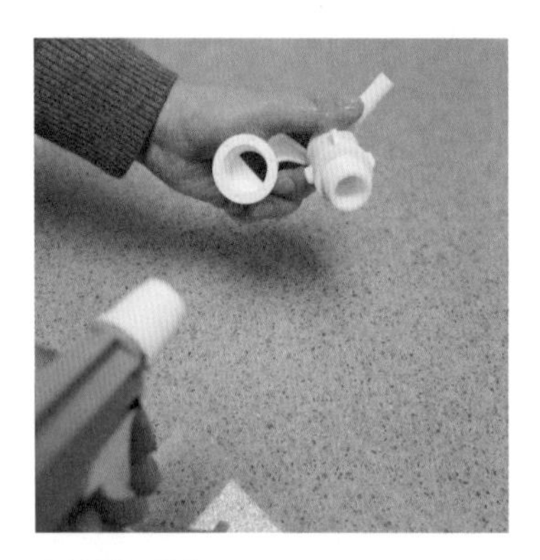

소독하는 모습

수도꼭지 연결 모습

장비를 만지기 전에 꼭 손을 세척하고 스타산 소독액으로 손을 소독한 뒤 작업을 진행하도록 한다.

자동 당화조에 맥즙 담는 모습

수동 당화조에 맥즙 담는 모습

발효조(통)

당화와 자비조

숙성(발효) 저장소

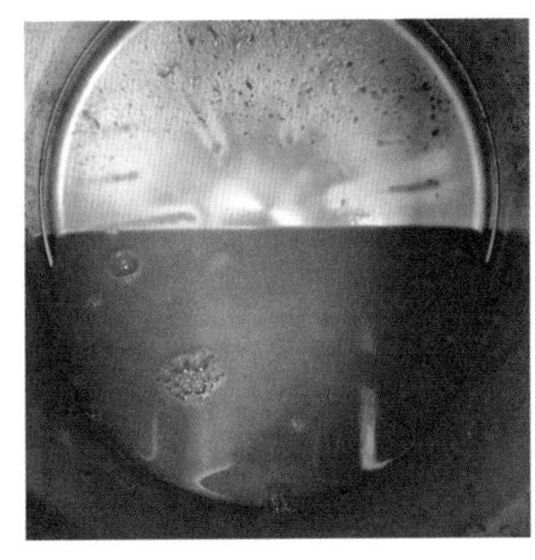

슬러지(찌꺼기)가 남아 있는 모습, 1L 정도의 찌꺼기는 버림

자비가 끝난 맥즙은 효모와 맥아의 찌꺼기가 아래로 가라앉아 있거나 당화조의 벽에 붙어 있는데 맑은 맥주를 얻기 위하여 약 1L 정도의 찌꺼기 맥즙은 버리도록 한다. 이 찌꺼기는 보리의 단백질 성분으로 맥주 얼굴 팩을 만드는 원료로 사용된다. 더 예뻐지도록 모아서 얼굴에 팩을 해보아도 좋을 듯하다. 이것은 필자의 생각이다.

추출된 당 비중 체크

맥즙 속 당의 양(알코올 도수를 파악하는 작업)을 체크한다. 당도계를 이용하여 초기 비중(OB)을 체크한다. 만들고자 하는 수제맥주의 최종 알코올 도수(%)를 알기 위해서는 꼭 초기비중을 확인해 두어야 한다.

비중에 대한 자세한 설명은 뒤에서 알코올 도수를 계산할 때 설명하도록 하겠다.

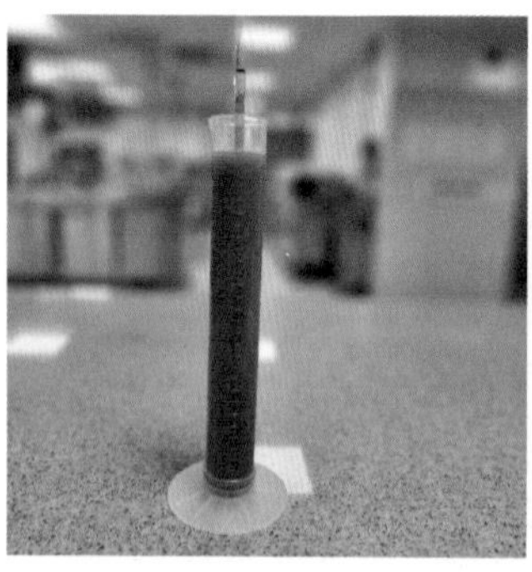

심코앤모자익 PA의 초기비중 측정

바이젠스타일 수제맥주의 초기비중 측정 모습

효모 뿌리기

효모에는 건조 효모와 액상 효모가 있다. 25℃ 이하로 냉각된 맥즙을 발효조에 옮겨 담고 먼저 준비한 스타터(starter, 건조 효모의 액즙 발효가 충분하도록 효모의 양을 늘리는 과정으로 30℃의 따뜻한 물에 건조 효모를 뿌리고 약 5분간 방치한 후 살짝 저어줌)를 맥즙에 넣는다.

냉각된 맥즙에 맥주 효모를 첨가하면 곧 번식하여 당을 소비하고 알코올과 이산화탄소를 배출하는 발효작용이 시작된다. 발효조의 뚜껑을 덮고 밀폐시켜 발효과정에서 생기는 탄산을 배출시킬 수 있는 에어락을 장착한다.

효모 뿌리는 모습

- 보통 20L의 맥주를 만들기 위하여 11.5g의 효모를 사용한다.
- 효모는 맥즙 표면에 골고루 뿌려 발효가 원활하게 되도록 한다.

효모 사용 방법

구분	세부 내용
효모의 특성	효모는 산소가 공급되면 증식을 함
발효온도	효모는 보통 상온에서 발효가 잘 이루어지며 19~21°C에서 활발히 증식함
직접 넣기	발효조에 효모를 골고루 직접 넣음, 맥즙의 온도가 20°C 전후이기 때문에 직접 넣기를 하여도 효모는 바로 증식을 시작함
액체화하기	① 250ml의 물을 끓인다. ② 물의 온도를 32°C로 맞춘다. ③ 효모 11.5g을 넣고 저어준다. ④ 이때 사용할 젓는 장비도 필히 소독을 한다. ⑤ 10분 정도 상온에 두었다가 골고루 뿌려준다.

라벨 붙이고 발효하기

대개 효모 첨가 후 3일까지 발효가 왕성하게 진행된다. 발효조에 장착된 에어락의 움직임으로 확인이 가능한데 발효되면서 가스가 발생하고 이는 에어락을 통하여 밖으로 배출하게 된다. 에일맥주는 약 21℃, 라거맥주는 약 10℃에서 발효가 진행된다.

좀 더 상세하게는 상면발효의 경우 18~23℃에서 대략 1주일이면 전체 발효가 끝나고, 하면발효의 경우 5~13℃에서 8~12일 정도 걸린다. 전체 발효가 끝나면 효모가 발효조 아래 가라앉아 발효된 맥주와 분리되고 이 상태의 맥주를 미숙성 맥주(young beer)라고 한다.

① 소독한 뚜껑을 닫는다.
② 에어락에 물을 채워 에어락 밴드에 꽂는다.
③ 라벨을 작성하여 붙인다.
④ 라벨에는 맥주의 이름, 날짜, 초기비중, 만든 사람의 이름을 꼭 적는다.
⑤ 21℃로 설정된 발효 저장고에 보관한다.

물을 담은 에어락

에어락 밴드에 장착

효모를 뿌린 발효조

발효 준비가 마무리된 발효조(통)는 보통 21~23°C의 저장 창고에 보관을 한다. 대부분의 보관 장소는 일정한 온도를 유지하기가 어려우므로 일정 온도를 유지할 수 있는 저장고를 만들어 사용하는 것이 맥주를 제대로 만들 수 있는 방법이다.

수동 분쇄기

맥주이름, 날짜, 초기비중, 만든 사람 이름

발효 중

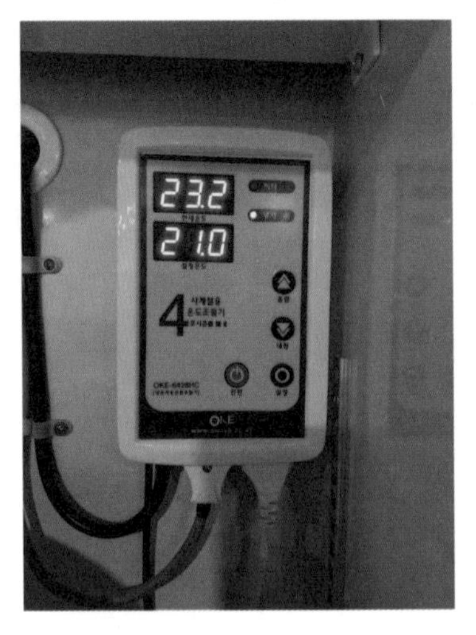

21°C의 최적의 온도 설정

발효(숙성) 후 병입 저장

7일간의 1차 발효가 끝나면 미숙성 맥주가 만들어진다. 만들어진 미성숙 맥주에는 아직 발효가 끝나지 않은 소량의 효모가 남아 있다. 남아 있는 효모가 모두 발효되고 전발효 단계에서 알코올이 만들어지면서 생겨난 이산화탄소(가스)가 모두 에어락을 통하여 배출되었는데 후발효(2차)를 진행함으로써 가스를 잡아두게 된다.

이러한 과정을 아래에서 사진으로 설명하도록 하겠다.

1차 발효가 끝난 미성숙 맥주

병 소독하는 모습

병에 넣을 8g의 설탕

소독해 놓은 병

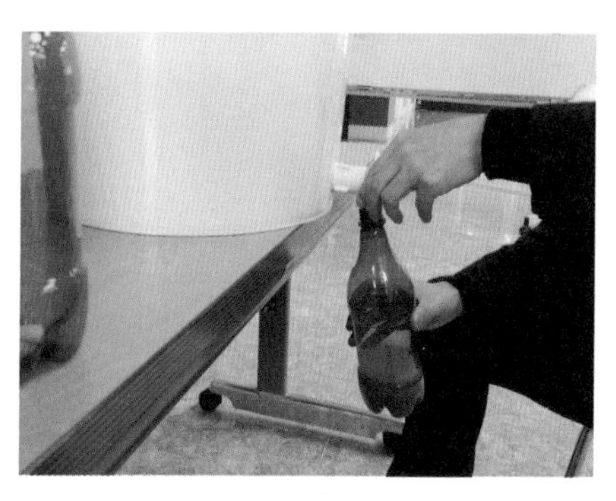

수직 병입으로 거품이 생기게 함

설탕 넣은 병에 맥주를 담는 모습

맥주를 병에 담을 때 처음에는 수직으로 병을 세워 맥주가 떨어지는 낙차를 크게 하여 거품이 많이 생기도록 한다. 이것을 에어레이션이라고 하며 산소의 공급을 많이 하여 발효가 잘 되도록 하는 방법이다.

앞에서 학습한 에어레이션은 식힌 맥즙을 발효조에 담을 때도 거품이 많이 생기도록 하였다. 똑같은 원리라고 보면 된다.

뚜껑을 닫을 때는 병을 살짝 움켜잡아준다.

효모와 설탕(당)이 만나 발효가 이루어지면 알코올과 가스가 생성되는데 가스가 발생하면 병이 팽창되기 때문이다.

병이 팽창된 모습은 7~10일간의 후발효가 끝나면 확인할 수 있을 것이다.

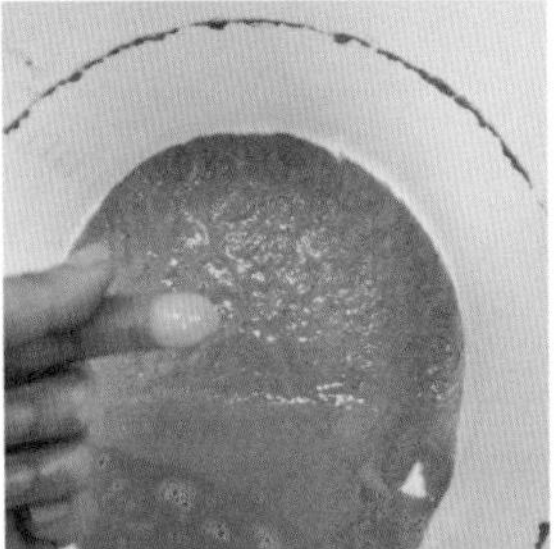

병입하고 남은 슬러지의 모습

뚜껑 닫을 때 살짝 눌러서 닫음

병입한 수제맥주

라벨 붙이기

숙성 중

라벨을 작성할 때는 맥주 이름, 날짜, 알코올 도수(%), 만든 사람의 이름을 적어 붙이도록 한다.

병입하기 전에 꼭 종료비중(FG)을 측정하여 초기비중과 계산하여 알코올 도수를 확인하여야 한다.

2.2 알코올 도수를 계산해볼까

비중이란

비중이란 물질의 고유 특성으로서 기준이 되는 물질의 밀도에 대한 상대적인 비를 말한다. 일반적으로 액체의 경우 1기압하에서 4℃의 물을 기준으로 물보다 무겁다거나 가볍다고 할 때 사용하는 값을 말한다.

물은 4℃에서 밀도가 최대가 되는 것은 잘 알려져 있다. 온도가 더 내려가면 부피가 팽창하여 밀도가 낮아지게 된다. 겨울철에 온도가 4℃ 이하로 내려가 물이 어는 경우, 표면에 형성된 얼음은 아래쪽에 있는 물보다 밀도가 낮아 뜨게 되어 호수 윗면에 두꺼운 얼음층을 형성하게 된다. 호수 바닥의 물은 압력의 증가로 인하여 얼음으로 변하지 않고 4℃를 유지할 수 있어 물고기가 겨울에도 살아남을 수 있게 된다.

따라서 물의 비중은 1.000이다. 물속에 당이 우러나면, 비중은 당의 양만큼 상승하게 된다. 절댓값이 아닌 상댓값이며, 이때 물 온도 4℃의 순수한 물의 무게를 1로 가정한다.

■ 초기비중(original gravity)이란

초기비중(original gravity)은 따뜻한 물에 곡물을 넣고 시간이 지나면 곡물 속에 들어 있는 당이 물속으로 추출(당화)되는 당의 양을 의미한다. 당화는 효소 또는 산의 작용으로 녹말 등 무미한 다당류를 가수분해하여 감미가

초기비중(발효 전 추출된 당의 무게) 1.064

있는 당으로 바꾸는 반응 및 조작이다. 예를 들면 녹말은 효소에 의해 포도당 및 맥아당으로 당화되는 과정을 거친다.

즉 초기비중은 물보다 무겁다는 것이다.

■ 종료비중(final gravity)이란

종료비중(발효 이후 당의 비율) 1.014

종료비중(final gravity)이란 발효과정에서 효모가 물속에 추출된 당을 먹고 알코올과 이산화탄소를 만든다. 이산화탄소는 발효조에 설치된 에어락을 통하여 밖으로 배출되지만 알코올은 물속에 남아 있게 된다.

종료비중이란 효모가 당을 먹고 알코올을 만들어버리기 때문에 효모가 먹지 못하는 당(비발효당)이 남아 있게 되는데 이렇게 남은 비발효당을 측정하는 것을 종료비중이라 한다.

즉 종료비중은 초기비중보다 낮다. 물론 물보다는 무겁다고 할 수 있다.

이러한 비중에 대한 이해도를 높이기 위하여 아래 그림을 제시한다. 그림을 보면서 물과 돌 그리고 나무의 비중을 이해하자. 즉 나무보다 돌이 비중이 높다는 것을 알 수 있다.

따라서 당이 알코올로 변화되기 전인 초기비중이 알코올로 변화되고 난 이후인 종료비중보다 높다는 것이다.

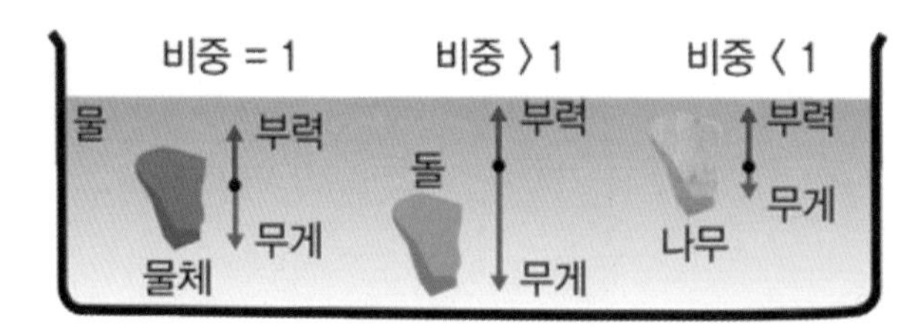

출처: 물리학백과

돌과 나무의 비중 비교

내가 만든 맥주 알코올 도수를 계산해볼까

앞에서 학습한 초기비중과 종료비중에 대하여 알아보았다. 이제 이 비중을 가지고 우리가 만든 맥주의 알코올 도수를 계산해 보자.

알코올 도수는 알코올 음료에 대한 에탄올의 부피 농도를 백분율(%)로 표시한 비율을 말한다. 많은 국가에서 표준으로 사용하고 있는 도수 표시는 ℃와 % 혹은 영어식 표현으로 % ABV(Alcohol By Volume)와 같이 사용한다.

알코올 도수 측정 방법을 최초로 발견한 사람은 프랑스의 화학자 조제프 루이 게이뤼삭이었는데 일부 나라에서는 그의 이름을 따서 게이뤼삭 도수라고 부르기도 한다.

알코올 도수 계산은 초기비중과 종료비중만 알면 쉽게 구할 수 있다. 알코올 도수 계산을 해보자.

알코올(Alcohol) 도수 계산 방법

알코올 도수 = (초기비중 – 종료비중) x 131 + 0.3)

① 초기비중(OG) : 1.064

② 종료비중(FG) : 1.014

③ (1.064-1.014)x131+0.3

④ 계산하면 6.85가 나온다.

⑤ 즉 6.9%(도)의 맥주가 만들어진 것이다.

액상 몰트(LME)로 양조하기

앞에서 완전곡물로 양조하는 방법을 학습하였다. 처음 수제맥주(craft)를 만들어보는 사람들은 맥주 만들기가 어렵게 느껴질 수도 있다. 그러나 모든 일이 첫술에 배부르기를 기대하기는 어렵다. 천 리 길도 한 걸음부터 시작인데 우리는 이제 수제맥주를 알아가는 초보자이다.

한번 만들어보고 두 번 만들어보고 서너 번의 만드는 과정을 더 경험하고 나면 여러분도 수제맥주 전문가가 되어 있을 것이라고 필자는 자신한다.

수제맥주의 재료와 만드는 과정 그리고 뒤에서 계속 소개할 레시피 작성하기, 수제맥주 맛보기 등 끝까지 이 책과 필자인 저와 함께한다면 맥주의 다양함 속에서 행복을 느끼실 것이라 판단한다.

여기서 소개할 수제맥주 만드는 과정은 앞에서 배운 완전곡물 양조과정을 성실히 실행하였다면 너무나 쉬운 과정이다. 혹시 앞에서 좀 소홀하게 학습을 하였어도 LME로 만드는 과정은 너무나 간단하고 쉬우니 걱정하지 말고 같이 해보도록 하자.

액상 몰트(LME)란

액상 몰트 익스트랙트란 Liquid Malt Extract(LME)를 말하는 것으로 조청처럼 걸쭉하고 끈적한 액상으로 되어 있는 몰트(맥아) 엑기스를 말한다.

즉 맥아에서 당 성분만을 추출하여 당화과정 없이 바로 자비(100℃로 끓이는 과정)과정을 진행할 수 있도록 엑기스로 만들어놓은 것이다.

완전곡물 양조과정의 당화과정을 다시 한번 설명하면 68℃의 물에 60분간 맥아(갈아놓은 가루)를 끓여 맥즙을 만드는 과정이다.

LME는 이러한 당화과정을 생략하고 바로 자비과정으로 맥주를 만들 수 있으니 정말 편리하게 만들어진 재료라고 생각하면 된다.

장비는 어떻게 될까

장비는 완전곡물로 양조하는 것과 똑같은 장비가 필요하다. 단 당화 과정을 거칠 필요가 없으므로 당화조는 필요하지 않다. 장비관련 학습은 이 책 제3장에서 자세히 소개하고 있다. 3장을 참고하기 바란다.

LME로 10L(1L 맥주 10병)의 수제맥주를 만들어볼까

먼저 필요한 재료를 알아보자.

10L의 맥주 만들기 (1L 맥주 10병)

구분	필요량	특성
원료	액상 몰트 익스트랙트(Pilsen Light LME) 1.5kg	- 브랜드 : 필젠 라이트 - 99%의 필스너 몰트 추출액 - 1%의 카라필스 몰트 추출액 - 필스너, PA, IPA 등 맥주 양조
물	12L	100°C의 물
양조	LME 1.5kg 한 통으로 10L의 맥주를 만들 수 있음 액상 몰트 브랜드는 여러 회사가 있음	

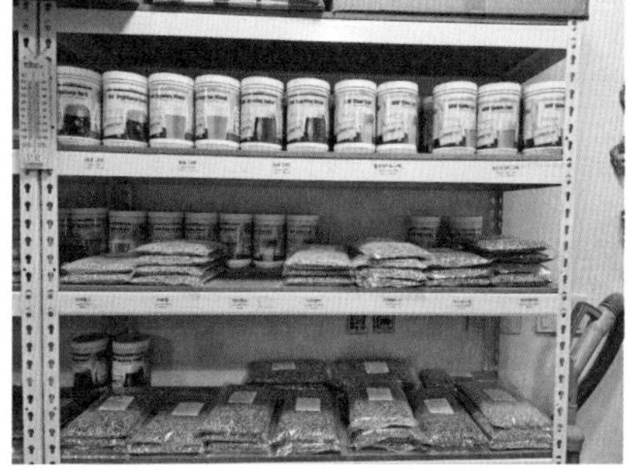

여러 종류의 맥아 엑기스 LME(1.5kg)

LME로 맥주를 만들어볼까

앞에서 자세하게 설명한 완전곡물 양조과정을 참고하면 액상 몰트로 맥주를 만드는 과정은 너무나 간단하다.

다양한 맛과 향의 맥주를 만들기 위해서 필수적으로 완전곡물 양조과정을 학습하여야 한다. 규모가 큰 양조장이든 작은 양조장이든 모든 맥주는 그 과정을 거치기 때문이다. 여기에서 소개하는 액상 몰트 양조과정은 당화과정의 번거로움과 실패를 최소화할 수 있도록 맥아를 엑기스로 만들어놓은 것을 사용하는 것이다.

아래에서 설명하는 양조 방법대로 맥주를 만들어보자.

■ LME 맥주 양조과정

액상 몰트 양조과정 순서는 1단계부터 15단계로 만들어진다. 천천히 순서대로 만들어보자.

① 액상 몰트를 부드럽게 하기 위하여 뜨거운 물에 데워준다.
보통 플라스틱 통에 담겨 있는 액상 몰트는 강하게 응집되어 있기 때문에 뜨거운 물로 데워서 액상이 부드럽게 될 수 있도록 만들어주어야 한다.
그렇지 않으면 자비(끓이기)를 할 때 응고되어 잘 풀어지지 않는다.

② 자비통(스테인리스통)에 물 12L를 100℃까지 끓인 후 데워 놓은 액상 몰트를 넣어준다. 액상 몰트를 넣고 처음에 저어주기를 계속하여야 한다. 그렇지 않으면 바닥에 눌어붙을 수 있다.

③ 60분간 끓여준다. 타이머를 사용하여 60분 카운터를 시작하고 첫 번째 쓴맛의 홉을 넣어준다.

④ 30분 경과 후 두 번째 아로마 홉을 넣어준다.

⑤ 45분 경과 후 세 번째 아로마 홉을 넣어준다.

⑥ 55분 경과 후 네 번째 아로마 홉을 넣어준다.

⑦ 60분이 되면 끓이는 작업을 중단하고 식히기를 시작한다.
칠러와 냉동 페트병 등을 활용하여 가능하면 짧은 시간에 냉각시킨다.

⑧ 20~25℃까지 냉각되면 발효조로 옮겨 담는다.

발효조, 뚜껑 등을 사전에 소독해 두도록 한다.

⑨ 비중계로 초기비중을 확인한다.

⑩ 효모를 투입해 준다. 효모는 직접 넣기, 액체화 후 넣기 등을 활용하여 넣어준다.

⑪ 뚜껑을 닫고 에어락을 장착한다.

⑫ 라벨을 부착한다. 맥주이름, 초기비중, 날짜, 만든 사람 이름을 기입한다.

⑬ 21℃로 설정되어 있는 발효 창고에서 7일간 발효를 진행한다.

⑭ 7일 후 종료비중을 확인한다.

⑮ 알코올 도수(%)를 확인하고 병입을 한다.

4 드라이 몰트(DME)로 양조하기

지금까지 완전곡물 양조, 액상 몰트 양조에 대하여 학습하였다. 이제 마지막 남은 드라이 몰트 양조에 대하여 알아보도록 하자.

앞에서 언급한 것처럼 완전곡물 양조과정을 알고 있다면 드라이 몰트(DME) 양조과정은 액상 몰트(LME) 양조과정과 같기 때문에 큰 어려움 없이 양조를 진행할 수 있다.

먼저 필요한 재료를 알아보자.

20L의 맥주 만들기(1L 맥주 20병)

구분	필요량	특성
원료	드라이 몰트 익스트랙트(Pilsen Light DME) 3kg	- 브랜드 : 필젠 라이트 - 99%의 필스너 몰트 추출액 - 1%의 카라필스 몰트 추출액 - 필스너, PA, IPA 등 맥주 양조
물	22L	100°C의 물
양조	DME 3kg 3봉지(1봉지 1kg)로 20L의 맥주를 만들 수 있음 드라이 몰트 브랜드는 여러 회사가 있음	

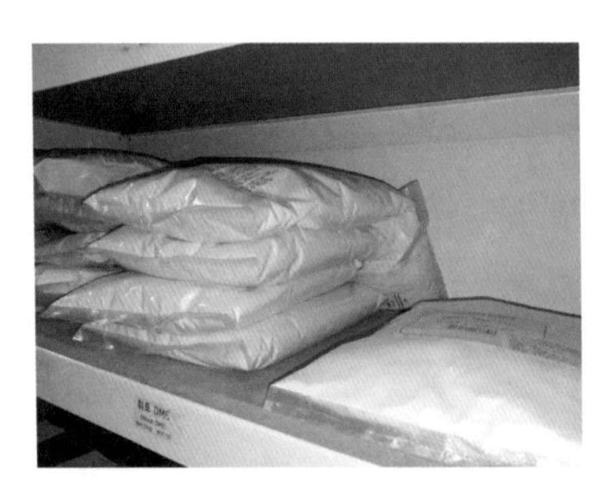

여러 종류의 드라이 몰트 DME(1kg)

DME로 맥주를 만들어볼까

DME로 맥주 만드는 과정은 앞에서 학습한 LME와 같다. 아래에서 설명하는 양조 방법대로 맥주를 만들어보자.

■ DME 맥주 양조과정

액상 몰트 양조과정 순서는 1단계부터 9단계로 만들어진다. 천천히 순서대로 만들어보자.

① 자비통(스테인리스통)에 물 22L를 100℃까지 끓인 후 드라이 몰트를 넣어준다.
② 드라이 몰트는 가루로 되어 있기 때문에 천천히 넣으면서 주걱으로 계속 저어주어야 한다. 그렇지 않으면 덩어리로 뭉쳐지게 된다.
③ 60분간 끓여준다. 타이머를 사용하여 60분 카운터를 시작하고 첫 번째 쓴맛의 홉을 넣어준다.
④ 30분 경과 후 두 번째 아로마 홉을 넣어준다.
⑤ 45분 경과 후 세 번째 아로마 홉을 넣어준다.
⑥ 55분 경과 후 네 번째 아로마 홉을 넣어준다.
⑦ 60분이 되면 끓이는 작업을 중단하고 식히기를 시작한다. 칠러와 냉동 페트병 등을 활용하여 가능하면 짧은 시간에 냉각시킨다.
⑧ 20~25℃까지 냉각되면 발효조로 옮겨 담는다. 발효조, 뚜껑 등을 사전에 소독해 두도록 한다.
⑨ 비중계로 초기비중을 확인한다.
⑩ 효모를 투입해 준다. 효모는 직접 넣기, 액체화 후 넣기 등을 활용하여 넣어준다.
⑪ 뚜껑을 닫고 에어락을 장착한다.
⑫ 라벨을 부착한다. 맥주이름, 초기비중, 날짜, 만든 사람 이름을 기입한다.
⑬ 21℃로 설정되어 있는 발효 창고에서 7일간 발효를 진행한다.
⑭ 7일 후 종료비중을 확인한다.
⑮ 알코올 도수(%)를 확인하고 병입을 한다.

Craft Beer
Bible

제5장

나도 이제 수제맥주 전문가

1. 나만의 레시피 만들기
2. 양조과정 작성해보기
3. 수제맥주 상품화하기

나만의 레시피 만들기

세상에서 하나밖에 없는 나만의 레시피를 만들어보자

우리는 4장에서 수제맥주가 어떻게 만들어지는지를 알아보았다.

수제맥주 만드는 방법에는 크게 3가지가 있다.

첫째는 전곡물 양조과정이다.

둘째는 액상 몰트 익스트랙트(LME)를 사용하는 양조과정이다.

셋째는 분말 몰트 익스트랙트(DME)를 사용하는 양조과정이다.

수제맥주를 좀 더 깊이있게 이해하고 수제맥주의 전문가가 되기 위하여 3가지 수제맥주 양조방법 중 첫 번째 방법인 전곡물 양조과정으로 우리가 원하는 스타일의 수제맥주를 만들어보도록 하자.

먼저 내가 만들고자 하는 스타일의 맥주 레시피를 만들어야 한다.

레시피 양식은 다양하게 작성할 수 있으나 필자는 표준화된 레시피 양식을 소개하고자 한다.

맥주의 스타일에 따른 여러 종류의 레시피를 작성해 보도록 하자.

크래프트(수제) 맥주를 양조하기 전에 먼저 레시피 디자인하기

- 만들고자 하는 맥주의 스타일을 먼저 정한다. 예를 들면, 페일 에일, 벨지안, 스타우트 등
- 만들고자 하는 맥주의 알코올 도수를 정한다. (스위트하게 또는 드라이하게)
- 스타일이 정해지면 사용할 맥아를 구성한다.
- 스타일에 맞는 홉과 효모를 구성한다. (5장에 나만의 스타일에 맞는 맥주 레시피 작

성 관련 양식을 만들어두었다.)

다양한 종류의 수제맥주 - 일본 스프링 밸리

나만의 수제맥주 레시피 만들기 I

Name			생산량	20L(물양 25L)
			투입량(kg)	투입시간
Malt	Grain			
	Grain			
	Grain			
	Grain			
첨가물				
Hop		Bittering	28g	60min
		Flavor	28g	15min
		Aroma	28g	10min
		Aroma	28g	0min
Yeast			11.5g	

예상 맥주 Style	OG	FG	IBU	Color(SRM)	ABV(%)

기타	-

나만의 수제맥주 레시피 만들기 II

Name			생산량	20L(물양 25L)
			투입량(kg)	투입시간
Malt	Grain			
	Grain			
	Grain			
	Grain			
첨가물				
Hop		Bittering	28g	60min
		Flavor	28g	15min
		Aroma	28g	10min
		Aroma	28g	0min
Yeast			11.5g	

예상 맥주 Style	OG	FG	IBU	Color(SRM)	ABV(%)
기타	-				

나만의 수제맥주 레시피 만들기 III

<table>
<tr><td rowspan="2">Name</td><td colspan="3" rowspan="2"></td><td>생산량</td><td>20L(물양 25L)</td></tr>
<tr><td>투입량(kg)</td><td>투입시간</td></tr>
<tr><td rowspan="4">Malt</td><td>Grain</td><td colspan="2"></td><td></td><td></td></tr>
<tr><td>Grain</td><td colspan="2"></td><td></td><td></td></tr>
<tr><td>Grain</td><td colspan="2"></td><td></td><td></td></tr>
<tr><td>Grain</td><td colspan="2"></td><td></td><td></td></tr>
<tr><td>첨가물</td><td colspan="3"></td><td></td><td></td></tr>
<tr><td rowspan="4">Hop</td><td colspan="2"></td><td>Bittering</td><td>28g</td><td>60min</td></tr>
<tr><td colspan="2"></td><td>Flavor</td><td>28g</td><td>15min</td></tr>
<tr><td colspan="2"></td><td>Aroma</td><td>28g</td><td>10min</td></tr>
<tr><td colspan="2"></td><td>Aroma</td><td>28g</td><td>0min</td></tr>
<tr><td>Yeast</td><td colspan="3"></td><td>11.5g</td><td></td></tr>
<tr><td rowspan="2">예상
맥주
Style</td><td>OG</td><td>FG</td><td>IBU</td><td>Color(SRM)</td><td>ABV(%)</td></tr>
<tr><td></td><td></td><td></td><td></td><td></td></tr>
<tr><td>기타</td><td colspan="5">-</td></tr>
</table>

(샘플) IPA

Name	IPA(India Pale Ale)		생산량	20L(물양 25L)
			투입량(kg)	투입시간
Malt	Grain	페일 에일(Pale Ale)	3.0	
	Grain	필스너(Pilsner)	1.0	
	Grain	카라필스(Carapils)	1.0	
Hop	아폴로(Apollo)	Bittering	28g	60min
	캐스케이드(Cascade)	Flavor	28g	15min
	심코(Simcoe)	Aroma	11.5g	10min
	심코(Simcoe)	Aroma	28g	0min
Yeast	SafAle US-05 Dry Ale Yeast		11.5g	

예상 맥주 Style	OG	FG	IBU	Color(SRM)	ABV(%)
	1.060	1.012	51	6	6.20

기타	
	- 필스너(Pilsner)와 카라필스(Carapils)는 페일 에일로 대체 가능 - 아폴로(Apollo)는 캐스케이드로 대체 가능

나만의 수제맥주 레시피 만들기 IV

Name			생산량	20L(물양 25L)
			투입량(kg)	투입시간
Malt	Grain			
	Grain			
	Grain			
	Grain			
첨가물				
Hop		Bittering	28g	60min
		Flavor	28g	15min
		Aroma	28g	10min
		Aroma	28g	0min
Yeast			11.5g	

예상 맥주 Style	OG	FG	IBU	Color(SRM)	ABV(%)

기타	-

나만의 수제맥주 레시피 만들기 V

<table>
<tr><td rowspan="2">Name</td><td colspan="3" rowspan="2"></td><td>생산량</td><td>20L(물양 25L)</td></tr>
<tr><td>투입량(kg)</td><td>투입시간</td></tr>
<tr><td rowspan="4">Malt</td><td>Grain</td><td colspan="2"></td><td></td><td></td></tr>
<tr><td>Grain</td><td colspan="2"></td><td></td><td></td></tr>
<tr><td>Grain</td><td colspan="2"></td><td></td><td></td></tr>
<tr><td>Grain</td><td colspan="2"></td><td></td><td></td></tr>
<tr><td>첨가물</td><td colspan="3"></td><td></td><td></td></tr>
<tr><td rowspan="4">Hop</td><td colspan="2"></td><td>Bittering</td><td>28g</td><td>60min</td></tr>
<tr><td colspan="2"></td><td>Flavor</td><td>28g</td><td>15min</td></tr>
<tr><td colspan="2"></td><td>Aroma</td><td>28g</td><td>10min</td></tr>
<tr><td colspan="2"></td><td>Aroma</td><td>28g</td><td>0min</td></tr>
<tr><td>Yeast</td><td colspan="3"></td><td>11.5g</td><td></td></tr>
<tr><td rowspan="2">예상
맥주
Style</td><td>OG</td><td>FG</td><td>IBU</td><td>Color(SRM)</td><td>ABV(%)</td></tr>
<tr><td></td><td></td><td></td><td></td><td></td></tr>
<tr><td>기타</td><td colspan="5">-</td></tr>
</table>

나만의 수제맥주 레시피 만들기 VI

Name			생산량	20L(물양 25L)
			투입량(kg)	투입시간
Malt	Grain			
	Grain			
	Grain			
	Grain			
첨가물				
Hop		Bittering	28g	60min
		Flavor	28g	15min
		Aroma	28g	10min
		Aroma	28g	0min
Yeast			11.5g	

예상 맥주 Style	OG	FG	IBU	Color(SRM)	ABV(%)

기타	-

(샘플) 벨지안 스타일 호가든

<table>
<tr><td rowspan="2">Name</td><td colspan="3" rowspan="2">트리펠(Tripel)</td><td>생산량</td><td>20L(물양 25L)</td></tr>
<tr><td>투입량(kg)</td><td>투입시간</td></tr>
<tr><td rowspan="2">Malt</td><td>Grain</td><td colspan="2">페일(Pale)</td><td>4.0</td><td></td></tr>
<tr><td>Grain</td><td colspan="2">롤드 오트(Rolled Oats)</td><td>1.0</td><td></td></tr>
<tr><td rowspan="2">첨가물</td><td colspan="3">갈색 설탕(Brown Suger)</td><td>1.5kg</td><td rowspan="2">처음 시작(당화)할 때 몰트와 넣음</td></tr>
<tr><td colspan="3">콘 슈거(Corn Sugar)</td><td>0.3</td></tr>
<tr><td rowspan="4">Hop</td><td colspan="2">샤즈(Saaz)</td><td>Bittering</td><td>28g</td><td>60min</td></tr>
<tr><td colspan="2">퍼글(Fuggle)</td><td>Flavor</td><td>28g</td><td>10min</td></tr>
<tr><td colspan="2">코리앤더씨드(Coriander Seed)</td><td>Aroma</td><td>30g</td><td>15min</td></tr>
<tr><td colspan="2">스위트 오렌지(Sweet Orange)</td><td>Aroma</td><td>30g</td><td>15min</td></tr>
<tr><td>Yeast</td><td colspan="3">Saf Ale US-05 Dry Ale Yeast</td><td>11.5g</td><td></td></tr>
<tr><td rowspan="2">예상 맥주 Style</td><td>OG</td><td>FG</td><td>IBU</td><td>Color(SRM)</td><td>ABV(%)</td></tr>
<tr><td>1.069</td><td>1.006</td><td>25</td><td>6</td><td>7.5</td></tr>
<tr><td>기타</td><td colspan="5">- 벨지안 스타일인 호가든임
- 코리앤더씨 대신 팔각(향신료)을 사용해도 됨
- 코리앤더씨드(Coriander Seed)는 고수의 씨앗임</td></tr>
</table>

2 양조과정 작성해보기

수제맥주 양조과정 작성 나도 할 수 있다

앞서 공부한 4장의 내용을 바탕으로 하여 수제맥주 만드는 양조과정을 작성해 보자. 보고는 언어로 하는 것이고 보고서는 문서로 하는 것이다. 따라서 배우고 익히고 머릿속에 있는 것을 양식에 작성해 보는 것은 매우 중요한 일이다.

새로운 기술과 아이디어는 모방에서 나온다고 하였다. 앞서 배운 양조과정을 머릿속에 연상하면서 나의 생각과 스타일의 맥주 만드는 방법을 작성해보자.

Craft Beer Brewing Process I					
Department : ①			Major : ②		
Name : ③			Student Number : ④		
Date : ⑤					

Craft Beer Name : ⑥				
생산량 : ⑦	L(ml)	물의 양 : ⑧		L(ml)
Malt : ⑨	Name	kg	Name	kg
Hop : ⑩	Name	g	Name	g
Yeast : ⑪				

Brewing Process : ⑫	
1	
2	
3	
4	
5	
6	
7	
8	
9	
10	
11	
12	
13	
14	

Craft Beer Brewing Process II

Department		Major	
Name		Student Number	
Date			

Craft Beer Name				
생산량	L(ml)	물의 양		L(ml)
Malt	Name	kg	Name	kg
Hop	Name	g	Name	g
Yeast				

Brewing Process	
1	
2	
3	
4	
5	
6	
7	
8	
9	
10	
11	
12	
13	
14	

Craft Beer Brewing Process III			
Department		Major	
Name		Student Number	
Date			

Craft Beer Name				
생산량	L(ml)	물의 양		L(ml)
Malt	Name	kg	Name	kg
Hop	Name	g	Name	g
Yeast				

Brewing Process	
1	
2	
3	
4	
5	
6	
7	
8	
9	
10	
11	
12	
13	
14	

Craft Beer Brewing Process IV					
Department : ①			Major : ②		
Name : ③			Student Number : ④		
Date : ⑤					

Craft Beer Name : ⑥				
생산량 : ⑦	L(ml)		물의 양 : ⑧	L(ml)
Malt : ⑨	Name	kg	Name	kg
Hop : ⑩	Name	g	Name	g
Yeast : ⑪				
Brewing Process : ⑫				

Craft Beer Brewing Process V			
Department		Major	
Name		Student Number	
Date			

Craft Beer Name				
생산량	L(ml)	물의 양		L(ml)
Malt	Name	kg	Name	kg
Hop	Name	g	Name	g
Yeast				
Brewing Process				

Craft Beer Brewing Process VI			
Department		Major	
Name		Student Number	
Date			

Craft Beer Name				
생산량	L(ml)	물의 양		L(ml)
Malt	Name	kg	Name	kg
Hop	Name	g	Name	g
Yeast				
Brewing Process				

Craft Beer Brewing Process를 순서대로 작성해보자

① 학과 이름을 기입한다.

② 전공 이름을 기입한다.

③ 작성자의 이름을 기입한다.

④ 작성자의 학번을 기입한다.

⑤ 작성한 날짜를 기입한다.

⑥ 창작할 수제맥주의 이름을 기입한다.

⑦ 만들 맥주의 용량을 기입한다.
보통 한번 만들 때 20L를 기본으로 한다.

⑧ 사용할 물의 용량을 기입한다.
물의 양은 20L의 맥주를 만들기 위하여 25L의 물을 사용한다.
스파징할 물은 별도로 계산한다.

⑨ 창작할 맥주에 필요한 맥아(malt)를 기입한다.

⑩ 사용할 홉을 기입한다.
만들 맥주의 특성을 파악하여 20L의 맥주에 필요한 112g의 홉을 결정한다.
펠렛 홉 1봉지는 28g으로 구성되어 있으니 4봉지의 종류 및 양을 결정한다.

⑪ 사용할 효모(yeast)를 기입한다.

⑫ 완전곡물로 만드는 과정을 기입한다.

Brewing Process 완전곡물 과정

아래의 순서대로 완전곡물로 수제맥주 만드는 과정을 참고하여 작성해 보자. 아래에 제시한 순서와 내용은 가장 일반적인 수제맥주 만드는 과정이니 맥주를 만들어보면서 맥주의 스타일과 맛에 따라 본인의 작성과정을 만들어보자.

① 몰트 선택과 배합을 한다.

② 선택된 몰트 5kg을 분쇄한다.

③ 당화조에서 60분간 당화과정(끓이기)을 거친다.

④ 60분간 끓이면서 10분에 한번씩 저어준다.

⑤ 맥즙과 곡물을 분리한다.

⑥ 곡물 속에 남아 있는 당분을 회수(스파징)한다.

⑦ 맥즙을 60분간 끓이기를 한다.

⑧ 시간대별로 홉을 넣어준다.

끓기 시작 0분, 30분, 45분, 55분에 각각 28g씩 넣기

⑨ 맥즙을 칠러로 식히기를 한다.

⑩ 맥즙을 발효조로 옮기기를 한다.

⑪ 초기비중을 체크한다.

⑫ 효모를 투입한다.

⑬ 라벨을 붙이고 1차 발효를 한다.

⑭ 병입하고 2차 발효를 한다.

3 수제맥주 상품화하기

라벨 디자인도 하고 이름도 만들고

이제 레시피도 작성해보았고 본인이 구상한 스타일의 수제맥도 만들어보았다. 수제맥주 제품의 생산을 위하여 상품화 방안에 대하여 논의해보도록 하자.

'보기 좋은 떡이 먹기도 좋다'는 속담이 있다. 독창적이고 훌륭한 맥주를 만들어놓고 디자인이나 패키징을 잘 못하여 고객의 눈을 사로잡지 못하면 맥주의 우수한 내용물과는 달리 마케팅에 실패한 것으로 보아야 한다.

소비자가 무엇을 원하고 트렌드가 어떻게 흘러가고 있는지를 잘 관찰하여 소비자의 욕구를 충족시킬 수 있는 디자인과 레이블을 만들어보자.

■ 레이블 디자인하기

제품의 병과 캔에 붙일 레이블을 만들어보자.

레이블은 상품을 한눈에 설명할 수 있고 소비자가 알고자 하는 정보를 담아야 한다.

① 먼저 상품의 이름을 정해보자.

② 카피라이팅은 소비자의 눈길을 끌 수 있는 문구를 말한다. 소비자의 구매 심리를 자극할 수 있는 문구를 만들어보자.

누구한테 팔지!

라벨 디자인도 하였고 맥주의 이름도 지었으면 이제 누구한테 판매할지를 계획해보자. 수제맥주를 선호하는 연령대를 분석해보고 판매할 시장 즉 점포도 구체화해보자.

브루펍에 팔 것인지, 역전 할매 맥주 같은 술집에 팔 것인지 다양한 자료를 조사하고 분석하여 특정 판매 점포를 타기팅하여 보자.

아무리 좋은 맥주를 만들었다 하더라도 사줄 사람이 없으면 많은 자본과 노력의 대가를 얻을 수 없을 것이다.

또한 판매를 위한 SNS를 통한 다양한 홍보 계획도 구상해보자. 상품을 알리기 위하여 SNS를 통한 바이럴 마케팅은 매우 중요할 것이다.

따라서 마케팅의 기본 원리인 마케팅 4P에 대하여 정리를 해보고 바이럴 마케팅에 대하여 학습해보도록 하자.

마케팅이란 무엇일까

■ 마케팅의 등장

마케팅(marketing)은 19세기 후반 혹은 20세기 초반에 미국을 중심으로 탄생한 학문으로, 물리적인 시장(market)에 현재 진행형인 동명사(~ing)를 붙여 만든 신조어이다.

마케팅은 자사의 제품이나 서비스가 경쟁사의 그것보다 소비자에게 우선적으로 선택될 수 있도록 하기 위해 행하는 제반 활동을 의미한다. 마케팅에서 가장 기본적으로 갖는 개념은 소비자의 니즈(needs)와 원츠(wants)이다. 즉, 마케팅은 소비자의 니즈와 원츠를 파악하여 이를 충족시켜주기 위한 기업의 제반 활동을 다루는 학문이다.

기업은 자본을 동원하여 이를 상품으로 만들며, 상품을 판매하여 수익을 창출하는 여러 가지 활동을 한다. 마케팅은 이러한 기업의 여러 가지 활동 중의 하나로 종종 판매(sales)와 동일한 개념으로 이해되기도 한다. 하지만 엄밀히 구분하면 판매와 마케팅은 동일한 개념이 아니고 마케팅이 판매를 포함하는 상위 개념이다.

판매는 판매하고자 하는 대상(제품이나 서비스 자체)에 최우선적으로 초점을 맞추고 있으나, 마케팅은 고객이나 소비자의 니즈와 원츠가 무엇인지에 대해 다루고 있기 때문에 그 근본부터 다르다고 할 수 있다.

■ 마케팅의 정의

마케팅은 학자에 따라 다양하게 정의되고 있으나 오늘날 가장 일반적으로 인정되고 있는 것은 미국 마케팅학회(AMA: American Marketing Association)의 정의이다. 미국 마케팅학회는 1948년에 마케팅에 대하여 다음과 같이 정의했다.

"마케팅이란 생산자로부터 소비자 또는 사용자에게로 제품 및 서비스가 흐르도록 관리하는 제반 기업 활동의 수행이다."라고 했으며 그 후 1985년에는 다음과 같이 새로운 정의를 내렸다.

"마케팅은 개인이나 조직의 목표를 충족시켜 주는 교환을 창조하기 위해서 아이디어, 제품, 서비스의 창안, 가격 결정, 촉진, 유통을 계획하고 실행하는 과정"이라고 했다.

한국마케팅학회에서는 "마케팅이란 조직이나 개인이 자신의 목적을 달성시키는 교환을 창출하고 유지할 수 있도록 시장을 정의하고 관리하는 과정이다"라고 정의하고 있다.

마케팅의 접근방법

마케팅을 연구하거나 이해하기 위해서는 우선 기본적인 개념에 대한 이해가 필요하다. 마케팅의 기본적인 개념은 니즈(needs)와 원츠(wants), 제품 혹은 제공물, 교환과 시장이다.

■ 니즈(needs)

마케팅에서 다루는 니즈는 근본적 욕구(니즈)와 구체적 욕구(원츠)로 구분한다. 근본적 니즈는 음식, 의복, 가옥, 존경, 안전, 편안함 등 본원적인 욕구를 말한다. 구체적 욕구는 근본적 니즈를 실현시킬 수 있는 수단에 대한 욕구이다. 예를 들면 배고픔은 근본적 니즈이고 배고픔을 해소하기 위해 원하는 다양한 음식의 종류(밥, 햄버거, 샌드위치 등)는 구체적 욕구를 의미한다.

■ **원츠(wants)**

원츠는 니즈를 충족시키기 위해 구체적으로 원하는 어떤 것을 말한다. 예를 들면 배가 고플 때 이를 해소하기 위해 식사를 하고자 하는 욕구를 의미하는 것이다. 이때, 식사를 무엇으로 할 것인가가 마케터가 알고자 하는 것이다. 배고픔이라는 니즈를 충족시키는 수단으로 밥, 빵, 고기, 햄버거, 라면, 국수, 냉면 등 다양한 원츠가 존재하기 때문에 마케터는 소비자가 다양한 원츠 중 어떤 것을 원하는지를 파악하여 이를 어떻게 효율적으로 제공함으로써 소비자의 만족을 높일 수 있을 것인가에 대해 연구하게 된다.

■ **제품 혹은 제공물**

사람들은 제품을 소비 · 사용함으로써 자신들의 욕구를 충족시킨다. 이때의 제품에는 물리적 형태를 가진 유형의 제품부터 무형의 서비스까지 포함된다.

■ **교환과 시장**

마케터는 자신의 제품 혹은 제공물을 시장에 제공하고 자신이 원하는 반대급부를 얻고자 한다. 마케팅은 이러한 교환과정을 주요 개념의 하나로 다루고 있다. 시장은 구매력을 가지고 있는 고객이나 소비자들의 집합을 의미한다. 구매력을 갖춘 대상의 특성에 따라 소비자 시장, 산업 구매자 시장, 재판매업자 시장, 정부 시장, 국제 시장의 5가지로 구분된다. ① 소비자 시장: 개인적인 소비를 위하여 제품과 서비스를 구매하는 개인과 가정들로 구성된다. ② 산업 구매자 시장: 다른 제품을 생산하기 위하여 제품과 서비스를 구매하는 기업들로 구성된다. ③ 재판매업자 시장: 재판매를 하기 위하여 제품과 서비스를 구매하는 유통업자들로 구성된다. ④ 정부 시장: 공공서비스를 생산하기 위하여 제품과 서비스를 구매하는 정부기관들을 말한다. ⑤ 국제 시장: 소비자, 생산자, 재판매업자, 정부 등 구매자가 외국인이나 외국기관일 경우를 말한다.

마케팅의 4P란

마케팅이 다루는 학문은 소비자와 시장을 중심으로 한 영역으로, 기본적으로 4가지 요소, 즉 4P를 중심으로 연구를 진행한다.

4P란 제품(product), 가격(price), 유통(place), 촉진(promotion)을 말한다. 최근에는 무형 상품인 서비스의 중요성이 커지면서 기존의 4P 개념에 서비스의 특성(무형성, 이질성, 비분리성, 소멸성)을 고려한 3P 개념을 더해서 7P 개념으로 확장하여 연구하고 있다.

7P란 기존의 4P 개념에 사람(people), 과정(process), 물리적 증거(physical evidence)의 3P 개념을 포함한다. 또한 4P 개념이나 7P 개념을 적절하게 조합하여 마케팅 활동을 수행하는 것을 마케팅믹스 전략(marketing mix strategy)이라고 한다. 또한 고객 관계 관리(CRM: Customer Relationship Management)를 통해 기업의 이익과 고객 가치를 극대화하고자 한다.

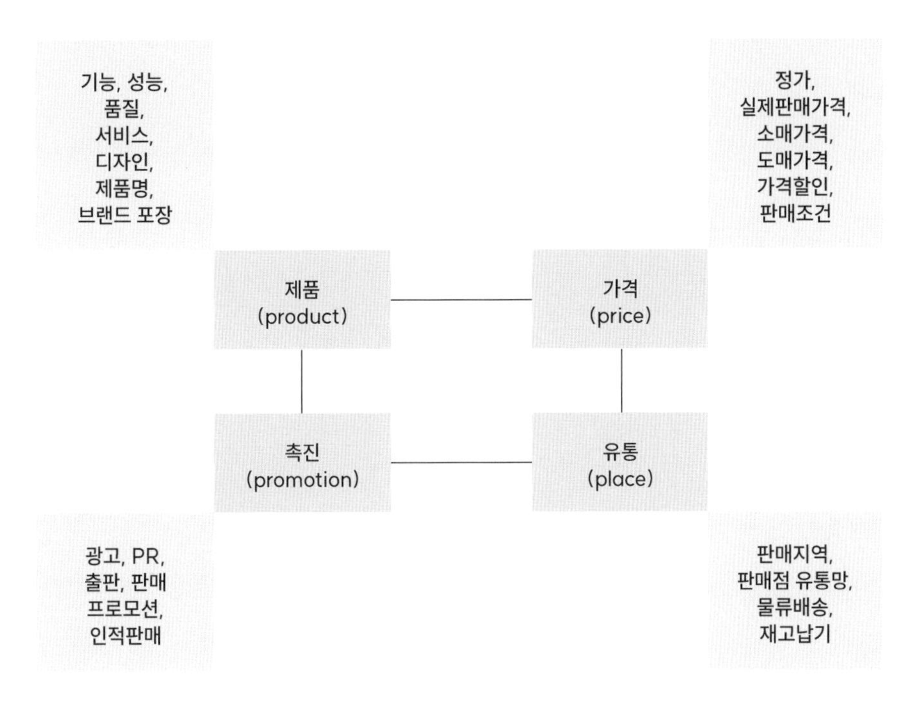

마케팅 4P

■ 제품

① 제품의 의미

제품(product)이란 시장이나 소비자의 욕구를 충족시킬 수 있기 때문에 주의, 획득, 사용 혹은 소비해야 할 대상물로 정의된다.

② 제품의 구분

제품은 형태에 따라 형태가 있는 유형적 제품(tangible goods)과 서비스 등과 같이 형태가 없는 무형적 제품(intangible goods)으로 분류된다. 또한 사용처 혹은 누가 사용하느냐에 따라 소비자가 사용하는 소비재(consumer products)와 회사가 사용하는 산업재(industrial products)로 구분된다.

ⓐ **소비재:** 소비재는 편의품(convenience products)과 선매품(shopping products), 전문품(specialty products)으로 구분한다. 편의품은 음료수, 비누, 사탕, 햄버거 등 일상적인 각종 잡화로 고객이 필요할 때 언제든지 구입이 가능한 제품적 특성을 가지고 있다. 선매품이란 비교적 가끔 구매되는 제품으로 고객이 제품을 구매할 때 편의품보다는 조금 더 노력을 기울여서 구매하는 제품을 말한다. 예를 들어, 옷이나 가전제품, 가구, 호텔 서비스 등이 여기에 해당한다. 전문품이란 많은 고민과 노력을 기울여 구매하는 제품으로 고가의 디지털 카메라나 자동차 등 내구성이 높은 제품을 의미한다.

ⓑ **산업재:** 산업재는 흔히 산업용품으로 사용되는 제품으로 크게 원자재와 부품(materials and parts) 및 자본재(capital items), 소모용품과 비즈니스 서비스(supplies and business service)로 구분한다.

■ 가격

① 가격의 의미

가격(price)은 제품이나 서비스에 부과된 화폐적 가치를 말한다. 다시 말하면 가격이란 제품이나 서비스를 소유하거나 사용하게 됨으로써 얻게 되는 편익을 얻기 위해 소비자가 포기해야 되는 화폐적 가치, 즉 값을 의미한다.

② 가격 결정

기업이 특정 제품이나 서비스의 가격을 결정하기 위해서는 제품의 원가나 고객이 인식하고 있는 제품이나 서비스의 가격수준을 고려하여 가격을 결정해야 한다. 단순히 기업이 얻고자 하는 최대 이익만을 고려하여 가격을 결정하면 시장에서의 실패를 초래하게 된다.

③ 가격 결정의 3가지 방향

가격 결정은 크게 비용 지향적 방법과 경쟁 지향적 방법, 수요 지향적 방법의 3가지로 구분된다.

ⓐ **비용 지향적 방법**: 원가 가산법, 목표 수익률법, 손익분기 분석법으로 나누어진다.

ⓑ **경쟁 지향적 방법**: 경쟁자의 가격기준과 비교하여 결정하는 방법이다.

ⓒ **수요 지향적 방법**: 소비자의 반응을 우선적으로 고려하는 방법으로 지각된 가치를 기준으로 결정하는 방법과 가격 계열화 방법이 있다. 예를 들면 라면은 500원이라는 지각에 기초해 신제품을 출시할 때 500원으로 가격을 결정하는 것은 전자의 방법이다. 그리고 가격 계열화 방법이란 한 제품의 여러 가지 기능을 다르게 하여 가격을 다르게 받는 방법이다.

▪ 유통

① 소비자 편의성의 최대화

유통(place)이란 구매 시간과 장소, 제품 소유의 효율성을 창출하기 위하여 생산과 소비를 연결해주는 기능을 담당한다. 유통기관은 소매상(백화점, 할인매장, 슈퍼마켓, 편의점, 통신판매, 인터넷 판매 등)과 도매상으로 구분된다.

② 유통의 유형

유통은 생산자가 소비자에게 제품이나 서비스를 직접 전달하는 직접 유통과 소매상이나 도매상을 중간에 개입시켜 유통시키는 간접 유통으로 구분된다. 간접 유통은 생산자의 위험과 소비자의 위험을 유통업자가 부담하는 형태의 유통을 의미한다.

■ 촉진

① 촉진의 의미

촉진(promotion)이란 '밀어붙이다.'라는 뜻으로, '기업이 소비자에게 원하는 반응을 얻기 위해 의도된 설득 메시지를 인적 혹은 비인적 매체를 통해 소비자에게 커뮤니케이션하는 행위'라고 정의된다. 제품이나 서비스의 유통을 빠르게 확산시키는 기능을 가지고 있다.

② 촉진의 요소

촉진은 광고(advertising)와 인적판매(personal selling), 판매촉진(sales promotion), 홍보(public relation)로 구성된다.

ⓐ **광고**: 특정 광고주가 대가를 지불하고 제품, 서비스, 아이디어 등을 사람이 아닌 다른 매체를 통해 널리 알려 구매를 촉진시키는 활동이다.

ⓑ **인적판매**: 판매자가 구매자를 직접 찾아 제품을 판매하는 행위를 말한다. 이때 판매자는 구매자를 설득하는 메시지를 직접 전하는 역할을 담당한다.

ⓒ **판매촉진 혹은 판촉**: 구매자나 구매 예정자에게 샘플이나 할인쿠폰 등을 제공함으로써 판매를 촉진시키는 활동이다.

ⓓ **홍보**: 언론을 통해 자사의 긍정적 이미지를 알리는 활동이다.

마케팅의 7P란

위에서 설명한 마케팅 4P에 사람, 과정, 물리적 증거가 포함된 것을 마케팅 7P라고 한다.

■ 사람

서비스 제공 및 구매자의 서비스에 대한 인식에 영향을 주는 모든 사람(people)을 말한다. 즉, 서비스 기업의 종업원들, 고객들, 그리고 그 서비스 환경에서의 다른 고객들을 말한다.

■ 과정

과정(process)은 서비스를 제공하는 데 필요한 절차, 작동 구조, 그리고 활동의 흐름을 말한다. 즉, 서비스 제공 및 생산시스템이라고 할 수 있다.

■ 물리적 증거

물리적 증거(physical evidence)란 서비스가 제공되고 서비스 기업과 고객이 상호작용을 벌이는 환경 혹은 서비스 커뮤니케이션이나 성과를 촉진시키기 위한 모든 유형적 요소들을 일컫는다.

마케팅믹스 전략이란

4P 개념이나 7P 개념을 적절하게 조합하여 마케팅 활동을 수행하는 것을 마케팅믹스 전략(marketing mix strategy)이라고 한다.

마케팅믹스 전략은 유형적 제품(tangible goods)에서는 전통적인 4P 전략을 활용하고, 무형적 제품(intangible goods)인 서비스 상품을 전략화할 때는 기존의 4P 전략에 3P 전략을 더해 7P 전략을 활용한다.

즉, 4P 전략은 제품 전략, 가격 전략, 유통 전략, 촉진 전략을 다루고, 7P 전략은 4P 전략에 사람(people), 과정(process), 물리적 증거(physical evidence)의 3가지 전략을 추가하여 수립한다.

이러한 마케팅믹스 전략을 수립하는 절차는 다음과 같이 11단계로 구분하여 실행할 수 있다.

① 상황분석(situation analysis)

기업의 내부환경과 외부환경을 분석하는 과정으로 흔히 SWOT(Strength, Weakness, Opportunity, Threat) 분석이라고 한다.

② 목표 수립(setting for marketing goals)

기업이 달성해야 할 매출액, 수익성, 시장점유율 등의 목표를 수립한다.

③ 전략 대안 파악(recognizing alternative strategies)

상품을 중심으로 하는 네 가지의 전략 대안, 즉 시장 침투 전략, 시장 개발 전략, 신제품 개발 전략, 다각화 전략 등을 파악한다.

④ 시장세분화(market segmentation)와 표적시장(target market) 선정

고객들의 다양한 라이프스타일 등을 중심으로 전체 시장을 공통된 욕구를 가진 몇 개의 시장으로 잘게 나누어 시장의 특성(잠재 시장 규모, 주요 고객 계층, 지역 등)을 파악하고자 하는 과정이다.

⑤ 포지셔닝 전략(positioning strategy)

세분화된 시장에서 고객들에게 어떤 이미지로 보이도록 할 것이냐를 결정하는 전략이다. 예를 들어, 고가 전략, 저가 전략 등은 가격으로 포지셔닝한 것이며, 제품들을 다양한 계층으로 구분(예: 대형 승용차, 중형 승용차, 소형 승용차, 경차 등)하는 것은 제품 포지셔닝이라 한다.

⑥ 마케팅믹스 전략(marketing mix strategy) 결정

마케팅의 요소, 즉 제품, 가격, 유통, 촉진 등의 요소들을 목표로 하는 시장이나 고객들에게 적합하도록 혼합하는 과정이다.

⑦ 실행계획의 수립(establish action plan)

마케팅믹스를 통해 결정된 전략을 구체적으로 언제, 어떻게, 어떤 방법으로 실행시킬 것인가를 계획한다.

⑧ 예상 손익계산서(forecasting profit and loss) 작성

마케팅 전략을 통해 실질적으로 얻게 될 다양한 손익을 계산한다.

⑨ 통제방법 결정(determination controllable methods)

마케팅 전략이나 실행계획을 실행할 때 영향을 미칠 수 있는 요소들을 어떻게 통제할 것인가를 결정한다.

⑩ 비상계획(contingency planning) 수립

외부 영향요소에 의해 마케팅 전략이나 실행계획이 제대로 작동하지 않은 경우에 대비하여 예상 시나리오를 설정하고 비상 대책을 수립하는 단계이다.

⑪ 결재

수립된 마케팅 전략에 대한 최종 의사결정권자의 의사결정 단계이다.

STP 모델을 수립해볼까

기업이 개별 고객의 선호에 맞춘 제품 혹은 서비스를 제공하여 타사와의 차별성과 경쟁력을 확보하는 마케팅 기법이다. 구체적으로 시장세분화, 목표시장 설정, 포지셔닝의 과정을 말한다.

시장에 경쟁제품이 증가하면서 기업은 기존의 대량생산 체제하의 대중 마케팅(Mass Marketing)으로는 더이상 경쟁력을 갖기가 어려워졌다. 미국의 켈로그경영대학원 석좌교수 필립 코틀러(Philip Kotler)는 기업이 시장을 세분화하여 새로운 고객을 유치하고 지속적인 수익을 낼 수 있도록 STP 모델을 제시하였다.

STP 모델이란 기업이 개별 고객의 선호에 맞춘 제품 혹은 서비스를 통해 타사와의 차별성과 경쟁력을 확보하는 마케팅 기법이다. 일정한 기준에 의해 전체 시장을 구분하고, 특정 시장을 타깃으로 하여 고객에게 타사와 다른 자사 제품의 이미지를 각인시키는 과정을 말한다.

STP 모델은 시장세분화(Segmentation), 목표시장 설정(Targeting), 포지셔닝(Positioning)의 세 단계로 이루어지며 구체적인 내용은 다음과 같다.

① **시장세분화**: 특정 시장을 공략하기 위한 선행작업으로 고객의 성별, 소득수준, 연령, 지역, 소비성향, 가치관 등 다양한 기준에 의해 시장을 세분화한다.

② **목표시장 설정**: 제품의 이미지나 특징에 가장 적합한 시장을 선정한다. 이때 마케팅 비용이나 수익 증대 폭, 시장의 성장가능성 등을 고려해야 한다.

③ **포지셔닝**: 고객에게 타사와 다른 자사 제품의 차별성을 각인시킬 수 있도록 광고 등 커뮤니케이션을 한다.

이 모델은 회사가 보유한 자원이 한정적이거나, 제품을 선호하는 특정 고객층이 있을 경우 유효한 전략이다.

예를 들어, 고객들의 선호 차이가 크지 않은 생수의 경우 시장을 세분화하지 않는 비차별화 마케팅이 비용 대비 효과가 클 수 있다. 이와 반대로 유아용 이유식은 고객층에 따라 선호하는 가격이나 성분 등에 큰 차이가 있어 STP 모델이 유효할 수 있다.

따라서 다양한 종류의 수제맥주는 STP 전략을 통한 마켓의 세분화를 통한 전략적 접근이 필요할 것으로 판단된다.

STP 모델

시장세분화 (Segmentation)	→	목표시장 설정 (Targeting)	→	포지셔닝 (Positioning)
ⓐ 인구통계학적 기준 ⓑ 사회경제적 기준 ⓒ 심리학적 기준 ⓓ 지리적 기준 ⓔ 소비자 행위 기준 ⓕ 소비자 편익 기준		ⓐ 차별화 전략 ⓑ 집중화 전략 ⓒ 목표시장의 규모 ⓓ 접근 가능성 ⓔ 목표시장의 접근 가능성		ⓐ 상품 및 서비스의 속성 ⓑ 상품 및 서비스의 용도 ⓒ 가격 대 품질 ⓓ 경쟁자 ⓔ 포지셔닝 맵

제6장

꼴깍꼴깍 수제맥주 맛보기

어떤 타입의 맥주를 맛볼까

수제맥주를 즐기기 위한 핵심 용어

맥주는 오래전부터 영국의 노동자들에겐 식수와 같은 음료라 하여 사랑받았고 특정 계층이 아니라 폭넓은 사람들이 두루 즐기던 술이라고 하였다. 맥주 한잔 벗삼아 담소를 나누고 살아가는 얘기를 할 수 있다면 얼마나 좋을까?

이러한 수제맥주를 즐기기 위한 맥주 관련 용어를 알아보도록 하자.

■ 브루펍(Brewpub)

브루어리(Brewery)와 펍(Pub)의 합성어로, 매장에서 맥주를 직접 제조해 판매하는 형태의 펍을 말한다. 우리나라에서는 2002년 한일 월드컵 개최 당시 관련 주세법이 개정되면서 최초로 도입된 바 있다.

■ 비어탭(Beertap)

비어탭이란 맥주를 따르는 수도꼭지같이 생긴 것을 말한다. 단순하게 생맥주를 따르는 것에서부터 다양한 종류의 수제맥주를 따르기 위하여 여러 개의 탭을 설치해둔 곳도 있다.

비어탭이 많을수록 다양한 수제맥주를 판매하는 곳이라 할 수 있다.

후쿠오카 크래프트 비어탭

오사카 스프링 밸리 비어탭

■ IBU

맥주의 쓴맛을 나타내는 지수

International Bitterness Units의 줄임말인 IBU는 맥주의 쓴맛 정도를 나타내는 단위로 홉에서 추출되는 이소알파산의 농도를 나타낸다. IBU수치는 높아질수록 쓴맛이 강해지며 일반적으로 1-100의 숫자로 쓴맛 정도를 표시한다. 맥주마니아분들 중에는 쓴맛이 강한 맥주만을 찾는 분들도 계시지만, 쓴맛에 익숙지 않거나 별로 선호하지 않는 분들이라면 IBU수치를 한번쯤 확인하고 맥주를 선택하는 것이 도움이 될 것이다.

라거류의 맥주들은 대부분 IBU지수를 찾아보기 힘든데 이것은 쓴맛이 거의 없다는 뜻이다. 수제맥주는 IPA와 같이 홉을 듬뿍 넣어 풍부한 쓴맛을 보유하고 있다.

보통 수제맥주는 20IBU 정도 되는데 바이젠은 10IBU 정도이며 IPA는 60IBU 정도가 된다.

■ ABV

맥주의 알코올 도수를 나타내는 지수

Alcohol by Volume의 약자인 ABV는 맥주의 알코올 도수를 나타내는 말이다. 대부분의 수제맥주들은 4~6% 정도, 10% 아래의 도수를 가지고 있지만 간혹 10%를 뛰어넘는 수제맥주도 있다.

맥주를 마시거나 고를 때 ABV지수를 확인하여 맥주를 고르거나 드시는 것도 도움이 될 것이다. 한편 맥주의 색깔이 진하면 알코올 도수 또한 높을 거라는 오해를 할 수 있는데 맥주의 색깔과 알코올 도수는 아무런 관련이 없다.

■ SRM

맥주 색깔의 정도를 나타내는 지수

Standard Reference Method의 약자로 맥주 색깔의 진한 정도에 따라 수치로 구분해놓은 것을 말한다. 맥주의 맛과는 직접적인 연관이 없으며 2~40까지 다양한 색깔로 구분된다. 우리에게 익숙한 라거류는 주로 낮은 지수에 위치하고 포터나 스타우트는 높은 지수를 가지고 있다.

SRM 차트

■ 굿 플레이버

맥주의 조화로운 맛을 나타내는 말

Good Flavor는 맥주의 주원료인 맥아, 홉, 효모 그리고 물의 네 가지 재료가 잘 조화롭게 이루어지고 보관이 잘 된 맥주를 표현할 때 사용하는 용어이다. 한마디로 미감을 표현할 때 사용한다.

춘하추동 내가 좋아하는 스타일의 맥주를 마셔볼까

수제맥주의 종류는 수천 가지가 넘는다. 가벼운 필스너부터 묵직하고 동짓날같이 어두운 스타우트까지 매우 많은 종류의 수제맥주가 있다.

봄처럼 가볍고 부드러운 수제맥주가 있는가 하면, 청량하고 톡 쏘는 여름 같은 수제맥주, 낙엽이 날리는 날 벤치에 앉은 레인코트를 입은 성숙한 가을남자 같은 수제맥주 그리고 묵직한 겨울밤 할머니가 들려주는 옛이야기 같은 짙고 달콤한 수제맥주가 있을 것이다.

때와 장소에 따라 나에게 맞는 스타일의 맥주를 선택하고 향미를 느껴보자.

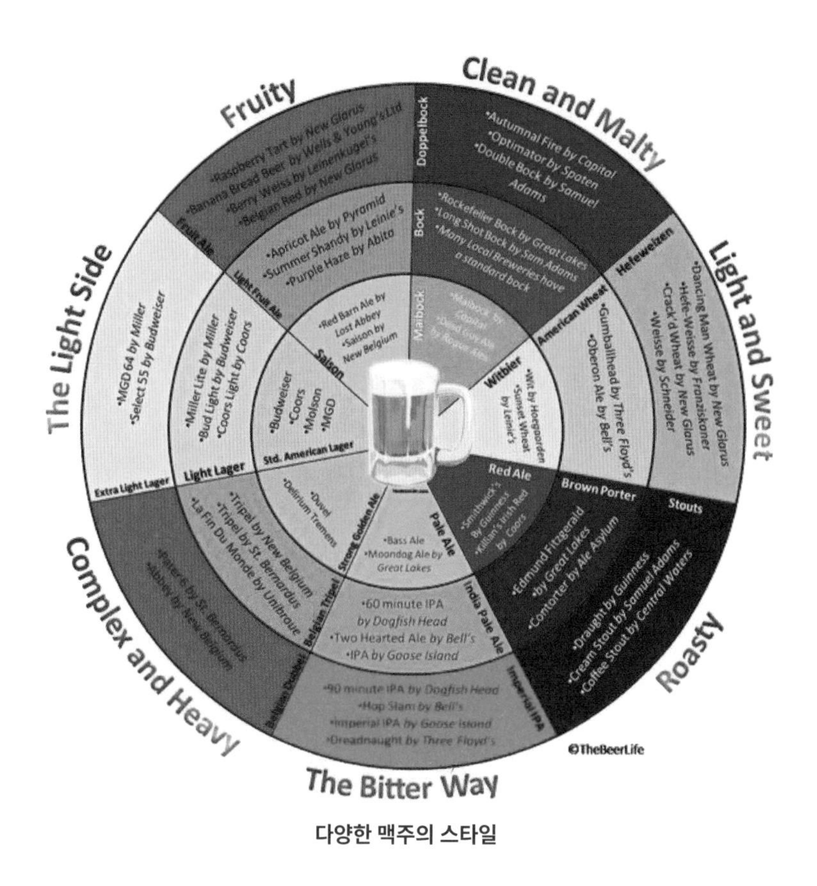

다양한 맥주의 스타일

꽃피는 춘삼월 같은 맥주

▪ 필스너(Pilsner)

필스너는 라거맥주의 대명사이나 상면발효 맥주처럼 쌉싸름한 맛을 가지고 있다. 라거 특유의 투명한 황금빛과 시원한 청량감에 더해 사츠(사즈, Saaz) 홉의 쌉싸름한 맛과 풍미가 강조된 것이 특징이다.

일반 라거에 비해 더욱 강한 쓴맛과 깊은 풍미가 보리의 곡물향과 적절한 조화를 이루고, 미디엄 바디감이 특징이라 할 수 있다.

체코의 플젠(Plzeň) 지방에서 유래된 맥주이다. 또한 체코에서는 필스너라고 하면 맥주를 통칭하기도 한다.

▪ 페일 라거(Pale Lager)

전 세계 사람들이 가장 많이 소비하는 밝은 금색의 라거맥주를 말한다.

페일 라거는 지역에 따라 크게 유럽 페일 라거와 아메리칸 페일 라거로 구분된다. 1842년 탄생하여 유럽 맥주시장에서 유행한 필스너에서 역사가 시작됐는데, 필스너는 기존의 짙고 단맛의 에일 위주에서 밝고 씁쓸한 맛의 라거맥주로 유행을 변화시킨 맥주이기도 하다.

필스너에서 홉의 쓴맛과 향을 감소시키고, 맥아의 단맛을 줄였으며 대중의 기호에 맞게 깔끔하고 담백하게 설계한 제품들이 페일 라거에 속한다.

원스 브루어리-오사카

국산 맥주에는 카스, 테라, 켈리, 하이트, 클라우드, 맥스 등이 있고 해외 브랜드로는 아사히, 삿포로, 기린, 버드와이저, 밀러, 코로나, 칭타오, 산 미구엘, 하이네켄, 칼스버그, 비어 라오, 하얼빈 맥주 등이 있다.

■ 바이젠(Weizen)

상면발효방식 즉 에일맥주 방식으로 생산되는 독일 맥주의 한 종류이다.

독일 남부지역에서 생산되는 밀맥주이다. 최소 50%의 밀과 함께 보리를 섞어 상면발효방식으로 양조한다. 바이에른주에서는 뮌헨의 다른 갈색 맥주에 비해 색깔이 연하다고 해서 '하얀 맥주(white beer)'를 뜻하는 바이스비어(Weissbier)라고 불린다. 여과방식에 따라 효모를 여과하지 않은 탁한 밀맥주 헤페바이젠(Hefeweizen)과 효모를 여과시킨 깨끗한 밀맥주 크리스탈 바이젠(Kristallweizen)으로 나뉜다. 꽃병 모양의 500ml 전용 글라스에 마시는 것도 특징이다.

■ 윗비어(Witbier)

벨기에와 네덜란드에서 만들어지는 밀맥주로 벨기에의 호가든(Hoegaarden)으로 유명한 맥주 스타일이다.

벨기에식 밀맥주인 윗비어는 상면발효맥주이며, 플라망어 윗(Wit)은 영어로 White와 같다. 독일의 밀맥주 바이스비어(Weissbier)와 마찬가지로 밀에 포함된 단백질 성분으로 뿌옇고 탁한 외관 때문에 윗(white)이라 불리게 되었다.

대표 브랜드로 호가든(Hoegaarden)과 블루 문(Blue Moon), 베데트(Vedett) 등이 있다.

청량하고 톡 쏘는 여름 같은 수제맥주

■ 페일 에일(Pale Ale)

상면발효방식으로 생산되는 영국식 맥주 에일의 한 종류이다.

원스 브루어리-오사카

페일 에일맥주는 에일을 대표하는 맥주이다. 1703년 영국에서 코크(coke. 석탄으로 만든 연료)로 구운 담색 맥아로 처음 만들었다. 밝은 색과 쓴맛이 특징이다. 앰버 에일(Amber Ale), 아메리칸 페일 에일(American Pale Ale), 버튼 페일 에일(Burton

Pale Ale) 등의 종류가 있다.

■ 골든 에일(Golden Ale)

상면발효식 맥주의 한 종류인 골든 에일은 영국에서 만들어졌으며 황금색을 띠고 은은한 단맛과 쌉싸름한 맛을 가진 에일맥주이다.

골든 에일은 페일 에일보다 덜 쓰다고 볼 수 있으며 골드 색을 띠기 때문에 골든 에일이라고 부른다. 페일 에일보다 붉은빛이 더 감돌고 더 부드러워 마시기 편한 것이 특징이다.

대표적인 브랜드로 빅웨이브, 라 벨라 로라, 마카오, 브루클린 로컬 등이 있으며 국내 생산 브랜드로 제주위트 에일, 곰표맥주, 해운대, 대동강 등이 있다.

■ 쾰슈(Kölsch)

독일 북서부 노르트라인 베스트팔렌주의 쾰른(Köln)시를 원산지로 하는 밝은 색의 상면발효 맥주. 쾰슈(Kölsch)는 쾰른(Köln)시의 형용사적 표현이다.

쾰슈(Kölsch)는 독일에서 네 번째로 큰 도시인 쾰른의 지역맥주로, 밀맥주(Weissbier)를 제외하면 하면발효인 라거맥주 문화가 강한 독일에서 드문 상면발효 맥주다.

알코올 도수(4.8~5%)나 쓴맛(IBU), 금빛 색상 등 여러 부분에서 페일 라거(Pale Lager)나 필스너와 닮은 점이 많으며, 상면발효했지만 가볍고 산뜻한 맛 때문에 쾰른에서는 라거처럼 대중적으로 소비된다. 상면발효했기 때문에 영미권에서는 쾰슈가 에일로 분류되며, 뒤셀도르프의 알트비어(Altbier)와 함께 독일식 에일의 하나로 소개되기도 한다. 그러나 독일에서는 에일이라는 영어식 표현을 사용하지 않는다.

■ 세종(Saison)

세종(프랑스어: Saison)은 7도가량의 맥주로, 탄산이 다량 함류되어 있고 과일향이 나며 향이 강하다. 주로 병에 담겨 생산되며 세종은 프랑스어로 "계절"을 뜻한다.

세종은 페일 에일의 한 종류이며 주로 농번기인 여름에 마시기 위해 양조 후 저장한다. 그래서 농가 맥주(Farmhouse Beer)라고 불리기도 한다.

역사적으로 보자면, 세종은 특정 스타일이라고 구분짓기보다는 농부들에 의해 만들어지는 신선한 여름용 에일이라고 볼 수 있다.

성숙한 가을남자 같은 수제맥주

■ 둔켈(Dunkel)

하면발효방식으로 생산되는 독일 맥주의 한 종류이다.

독일어로 '어두운(dark)'을 뜻하는 이름에서 알 수 있듯 라거 타입의 독일 흑맥주를 일컫는다. 원래 1842년 황금색을 띤 라거맥주 필스너(pilsner)가 양조되기 전까지 라거 맥주의 색깔은 대부분 검고 진했다. 19세기 후반부터 라거가 대부분 황금색의 페일 라거로 바뀌면서, 독일 뮌헨의 양조업자들이 현대적인 둔켈을 만들기 시작했다. 또한 둔켈은 밀로 만든 상면발효 흑맥주를 뜻하는 말로 쓰이기도 한다.

브랜드에는 바이엔슈테판 헤페바이스 둔켈, 바이엔슈테판 크리스탈 헤페바이스 둔켈, 에딩거 둔켈, 파울라너 둔켈 등이 있다.

■ 브라운 에일(Brown Ale)

상면발효방식으로 생산되는 영국식 에일맥주의 한 종류이다.

8세기 영국에서 약간의 홉과 100% 갈색 맥아를 사용하여 제조한 에일맥주를 브라운 에일이라고 불렀다. 현대의 브라운 에일은 19세기 후반 처음 만들어지기 시작했고, 영국 북동부와 남부 두 지역색이 담긴 맥주가 인기를 얻었다. 북동부지역 브라운 에일은 적갈색을 띠고 맥아향이 강하며, 4.5~5% 정도의 알코올 함량을 포함하고 있다. 남부지역의 브라운 에일은 어두운 갈색을 띠고 달콤한 맛이 나며, 3~3.5% 정도의 알코올 함량을 포함하고 있다.

브랜드에는 뉴캐슬, 마두로, 레페 브라운, 만스 브라운 에일 등이 있다.

■ IPA(India Pale Ale)

인디아 페일 에일(IPA)은 일반적인 에일맥주인 페일 에일에 홉을 다량으로 넣어 만든 맥주 종류다. 알코올 도수가 높고, 화려한 홉 아로마와 강한 쓴맛이 특징이다. IPA는 19세기 제국주의 시절 인도를 지배하던 영국인들이 인도에서도 맥주를 즐기기 위해 만들어졌다. 당시 인도에서 맥주를 만드는 것은 불가능했고, 영국에서 만든 맥주를 인도로 운송하는 데는 9~12개월이 걸리는 데다 온도 변화 때문에 맛이 쉽게 변질됐다. 이를 해결하기 위해 런던의 양조업자 조지 호지슨(George Hodgson)은 기존 맥주에 홉을 더 많이 넣고 알코올 도수를 높인 맥주를 만들었다.

홉은 맥주의 방부제 역할을 했고, 도수가 높으면 균의 침입을 막아 변질을 줄일 수 있기 때문이었다. 인도로 건너와서도 품질이 유지되었을 뿐만 아니라 풍부한 홉의 풍미를 자랑하는 이 맥주는 순식간에 인도 맥주시장을 점령하게 됐다.

■ 포터(Porter)

포터(Porter)맥주는 어두운 색을 가진 에일맥주의 한 종류이다.

포터는 18세기 초 영국 런던에서 개발된 맥주이다. 갈색 맥아를 사용하여 잘 호핑되고 외관이 어두운 것이 특징이다. 이름은 포터들에게 인기가 있었던 데서 유래한 것으로 여겨진다.

어원은 당시 길거리나 강에서 일하던 배달부(porter) 또는 양조장에서 펍(pub)으로 맥주를 나르던 배달부에서 유래되었다고 한다. 에일맥주보다 더 달콤하고 쓴맛도 덜한 것이 특징이며 보통 5% 정도의 알코올을 함유하고 있다.

영국에서 포터맥주의 인기는 상당했다. 전 세계에서 양조된 최초의 맥주 스타일이 되었으며 18세기 말까지 아일랜드, 북미, 스웨덴, 러시아에서 생산되기 시작했다.

스타우트와 포터의 역사는 서로 얽혀 있다. 흑맥주에 사용되는 "스타우트"라는 이름은 강력한 포터가 "스타우트 포터"로 판매되기 때문에 생겨났으며 나중에는 그냥 스타우트로 축약되었다. 기네스 엑스트라 스타우트는 원래 "Extra Superior Porter"라고 불렸으며 1840년까지 "Extra Stout"라는 이름이 주어지지 않았다. 오늘날 스타우트와 포터라는 용어는 흑맥주를 설명하기 위해 사용되며 서로 다른 양조장에서 생산하지만 거의 같은 의미로 사용된다.

■ 스타우트(Stout)

상면발효방식으로 생산되는 영국식 맥주의 한 종류이다.

18세기 영국 런던에서 대중적인 인기를 얻었던 포터(porter)와 같은 계열의 흑맥주이다. 명칭은 포터 중에서 가장 강한 맥주를 스타우트 포터(stout porter)라고 부른 데서 유래했다. 1840년대 아일랜드에서 포터를 생산하던 맥주회사 기네스(Guinness)가 포터 대신 싱글 스타우트(single stout), 더블 스타우트(double stout)라는 이름으로 맥주를 출시하면서 흑맥주를 대표하는 이름으로 자리 잡았다. 맥아 또는 보리를 볶아서 제조하기 때문에 탄 맛 나는 것이 특징이며, 보통 7% 또는 8% 정도의 알코올 함량을 지니고 있다. 드라이 스타우트(dry stout), 임페리얼 스타우트(imperial stout), 밀크 스타우트(milk stout) 등의 종류로 나뉜다.

글라스가 맥주의 맛을 좌우한다!

■ 독일에서 처음 만들었다고!

생각보다 맥주잔의 역사는 오래되었는데, 맥주의 주 생산국인 독일 등 북유럽을 중심으로 맥주를 마실 수 있는 잔이 계속 발전되어 왔다. 초창기 오크나무를 통해 맥주잔을 만들었다고 전해지며, 고급 맥주잔의 경우 사포로 손질한 석재나 청동, 유리 등으로 만들어져 상류층, 귀족 위주로 유통되었다.

■ 맥주 글라스는 글라스로!

현대에 이르러서는 대부분 유리(glass)로 만들어지며, 맥주의 색 감상, 거품의 형성에 큰 도움을 주기 때문에 맥주의 맛을 음미하기 위해서는 맥주잔에 따라서 마시는 것이 좋다.

아무래도 시커먼 병맥주나 뭐가 들었는지 알기 힘든 캔맥주로 마시기보다, 맥주잔을 통해 마시면 빛깔이라든지 거품이라든지, 남은 술의 양이라든지 하는 부분들이 심리적으로 불러오는 만족감을 무시할 순 없을 것이다.

■ 대표적인 맥주 글라스를 그림으로 볼까

파인트(Pint glass)

바이젠(Weizen glass)

필스너(Pilsner glass)

맥주 부츠(Beer Boot)

다양한 필스너글라스와 파인트글라스-오사카 스프링 밸리

상황에 맞게 맥주 즐기기

■ 평소에 즐기기 좋은 맥주

제일 가벼운 라거맥주가 제격일 것이다.

우리가 즐겨 마시는 라거(Lager) 계열의 맥주나 영국의 비터(Bitter), 아일랜드의 스타우트(Stout), 벨기에의 에일(Ale) 등은 사람들과 오랫동안 대화를 나누면서 마시기 좋은 맥주다.

■ 파티용 맥주

뭔가 특별한 맥주가 없을까?

파티용 맥주로는 맥주의 색깔이나 잔의 모양이 파티의 분위기에 잘 어울리고, 알코올 도수가 너무 높지 않으면서 청량감이 느껴지는 것이 좋다. 이런 점에서 벨기에의 람빅(Lambic)맥주가 파티용으로 제격이다. 특히 신맛이 나면서 드라이하고 색깔도 예쁜 프람부아즈(Framboise)나 크릭(Kriek)맥주가 파티용으로 가장 좋다.

■ 아페리티프(Aperitif) 맥주로 뭐가 좋을까?

식사를 시작하기 전에 마시는 식전주, 즉 '아페리티프(Aperitif)'로 가장 잘 어울리는 맥주로는 매우 드라이한 필스너(Pilsner) 맥주를 꼽을 수 있다. 강한 홉에서 나오는 쓴맛이 식욕을 돋게 해주기 때문이다. 벨기에의 드라이한 애비 맥주(Abbey Beer), 트라피스트 맥주(Trappist Beer), 스트롱 골든 에일(Strong Golden Ale) 또한 식전주로 마시기 좋은 맥주들이다.

■ 갈증 해소용 맥주

여름의 갈증을 해소하기에 가장 좋은 맥주는 단연 밀맥주. 벨기에 스타일의 밀맥주인 화이트 비어(White Beer)와 독일 스타일의 밀맥주인 바이스비어(Weissbier)/바이젠(Weizen) 모두 여름에 제격이다.

보통 벨기에의 밀맥주는 큐라소 오렌지 껍질이나 코리앤더씨를 사용하여 귤이나 민트 맛이 드러난다. 또한 남부 독일의 바이에른 지역과 뮌헨에서 생산되는 밀맥주는 갈증을 해소시켜 주는 신맛뿐 아니라 사과, 플럼, 바나나, 버블검, 클로브 맛을 복합적으로 지닌 것이 특징이다.

맥주 맛보기 5단계

소규모 양조장을 운영하는 브루어리 대표나 브루잉 마스터들은 매일 맥주 맛보는 일을 한다. 직접 양조한 맥주를 평가하며 기술 향상에 신경을 쓰고 있다. 똑같은 레시피로 같은 양조장에서 같은 양조과정을 거치지만 매번 다른 맛과 향의 맥주가 만들어지기 때문에 브루잉 마스터들은 매일 본인이 양조하는 맥주를 테이스팅하는 것은 어떻게 보면 당연한 일이라 할 수 있다.

맥주는 눈으로 보고 향기를 확인하고 혀로 맛을 보아야 한다.

맥주를 맛보고 즐겨보도록 하자.

비어소믈리에?

거창하게 표현하면 맥주 테이스팅 또는 맥주 관능평가라 할 수 있다. 양조장에서는 브루잉 마스터의 역할이고 나아가 비어소믈리에의 역할이기도 하다.

와인에는 와인소믈리에가 있고 티(Tea)에는 티소믈리에가 있듯이 맥주에도 비어소믈리에가 있다. 비어소믈리에에 대한 소개는 맥주에 대한 학습을 모두 마친 후 뒤에서 소개하도록 하겠다.

맥주 테이스팅(tasting)은 본격적으로 맥주의 맛을 평가하는 단계이다. 지금까지의 모든 이론들이 사실은 맥주 테이스팅 즉 맥주 맛보기를 위한 서곡이라고 할 수 있다. 맥주는 다른 음료와 달라서 시각, 후각, 미각의 3가지 감각을 모두 느낄 수 있는 특징이 있다.

수천 가지의 맥주 중에서 하나를 골라 특색을 살펴보는 것은 꽤 재미있는 일이라 할 수 있다.

테이스팅에 있어서 무엇보다 중요한 것은 자신의 느낌이다. 평가 후 느낌을 노트에 기록하는 것을 습관화하여 차곡차곡 비어소믈리에의 단계로 발전시켜 보면 어떨까 생각한다. 이렇게 하면 다음 번 맥주를 선택할 때 또는 맥주에 대한 지식을 늘리고자 할 때 많은 도움이 될 것이라 생각한다. 여기에서는 맥주 테이스팅을 위한 기본적인 몇 가지 사항에 대해 설명하고자 한다.

맥주 관능평가

맥주 맛보기 즉 관능평가(sensory evaluation)란 식음료를 먹거나 마실 때 모든 감각을 활용하여 그 맛에 대해 평가하는 것을 말한다. 인간의 오감인 '시각, 후각, 미각, 청각 및 촉각'으로 감지되는 반응을 측정하여 분석하는 것을 의미한다.

맥주의 관능평가를 위해 사용되는 감각 용어를 정리해보자.

먼저 시각은 눈으로 맥주의 맛을 느끼는 것이며 거품의 상태와 맥주의 색깔을 확인하는 것을 말한다. 아로마(aroma)는 후각을 이용한 것으로 코에서 느껴지는 맥주의 독특한 향을 말한다. 아로마 휠은 뒤에서 소개하도록 하겠다. 미각(taste)은 입속에 맥주가 들어왔을 때 느끼는 '단맛(sweet), 신맛(sour), 쓴맛(bitter), 짠맛(salt)과 제5의 미각이라고 하는 감칠맛(우마미, うま味)'이 있다.

인간이 느끼는 수많은 맛은 분류가 쉽지 않으므로 향미(flavor)라고 칭하며, 향미는 식음료를 씹고 삼킬 때 입속, 식도, 후두를 통해 느끼는 냄새와 식감(mouth feel) 등을 총칭하는 말이다.

식감이란 음식의 질감, 온도, 유분, 유동성, 떫은맛, 씹거나 삼킬 때의 촉각 등을 말한다.

맥주 맛보기 5단계

위에서 맥주 관능평가에 대한 의미를 설명하였다. 필자는 관능평가라는 어려운 용어보다는 맥주 맛보기라는 친숙한 말로 정리를 해보았다.

뒤에서 맛보는 방법에 대하여 자세히 설명할 것이며 여기서는 전체적인 맛보기의 흐름과 용어를 알아보도록 하자.

맥주 맛보기 5단계

시각(외형)	후각(향)	미각(풍미)	촉각	총평
- 거품의 색 - 거품의 유지력 - 맥주의 색 - 맥주의 탁도 - 라벨	- 홉향 - 몰트향 - 효모 - 부재료의 향	- 홉 - 몰트 - 효모 - 부재료 - 비터 - 피니시 - 밸런스 - 복합도	- 바디 - 탄산 - 질감 - 알코올	- 요약 - 특징 - 시음성 - 임팩트/재미 - 만족도 - 스타일의 적합도

시각, 눈으로 맛본다!

우리는 흔히 입으로 맛을 보기 전에 눈으로 먼저 맛을 본다고 표현한다. 보기 좋은 떡이 먹기도 좋다는 의미일 것이다.

맥주의 색깔, 거품 상태, 글라스의 모양 등이 맥주의 맛에 영향을 미치는 것은 당연한 것이라 할 수 있다.

맥주를 글라스에 따랐을 때 가장 먼저 체크해야 할 것은 맥주의 색깔과 투명도, 거품이다. 이러한 색깔 등을 자세히 보기 위하여 뒷배경을 흰색으로 두고 글라스를 비쳐

본다. 맥주에 따라 각기 다른 색과 투명도를 나타낼 것이다.

■ SRM이란

이러한 맥주의 색깔은 페일 라거(Pale Lager)와 같이 옅은 옐로우(Yellow)에서 블랙(Black)을 띠는 스타우트(Stout)에 이르기까지 맥주마다 다양한 색깔을 나타내는 것을 알 수 있을 것이다.

앞에서 학습한 것과 같이 이것을 SRM(Standard Reference Method)이라고 한다.

SRM은 맥주의 맛과 무관하여 색깔에 따라 2~40SRM으로 구분한다.

SRM은 맥주에 있어 중요한 부분인 만큼 앞에서 소개하였지만 한번 더 사진으로 보여준다.

맥주의 색깔을 나타내는 SRM

맥주 스타일별 SRM

■ 맥주의 외형은 거품, 색, 탁한 정도

맥주의 외형(appearance)은 거품, 색, 탁도 3가지를 기본으로 평가한다.

보통 맥주의 외형을 보고 거품(Head)과 거품의 유지력은 풍성하다, 보통이다, 적다, 조밀하다, 엉성하다, 거칠다로 표현하고 거품의 유지력은 오래 지속된다, 적당하다, 금새 거품이 꺼진다와 같이 표현한다. 탁도는 맥주의 탁한 정도를 표현하는 말인데 엷다, 보통이다, 탁하다 등으로 표현한다.

이제 우리도 맥주를 글라스에 따랐을 때 이러한 표현을 써서 맥주의 외형을 평가해

보면 어떨까?

맥주의 맛을 훨씬 좋게 느낄 수 있지 않을까 생각한다.

■ 맥주의 엔젤링(Brussels Lace)

맥주의 엔젤링(Brussels Lace)이란 글라스에 남은 거품을 말한다. 엔젤링이 잘 생기게 하기 위해서는 글라스가 깨끗해야 한다. 즉 글라스에 기름기나 세제잔액이 남아 있으면 거품이 잘 생기지 않는다. 엔젤링은 레이스가 좋은 맥주와 깨끗한 글라스의 상징이라 할 수 있다.

후각(아로마향), 좋은 향은 입맛을 자극한다

맥주를 마시는 것은 곧 향을 음미하는 것이라는 표현이 있을 정도로 향은 맥주의 생명과도 같다. 맥주의 향은 맥주의 질을 나타낸다.

맥주의 향은 수천 가지가 있지만 크게 두 가지로 나뉠 수 있다. 원료인 밀, 보리 자체에서 느껴지는 향과, 제조 과정과 발효나 숙성 단계에서 생겨나는 향이 있다. 원료 자체에서 느껴지는 향을 아로마라고 하고 발효와 숙성 과정에서 나는 향을 부케(bouquet)라고 한다. 그러나 일반적으로 맥주의 향미를 판단할 때는 아로마와 부케를 나누지 않고 아로마 하나로 구분한다.

■ 맥주의 아로마

필자는 향을 아로마로 표현하도록 하겠다. 아래의 아로마 도표는 필자가 정리한 것이니 아로마를 맡을 때 표에 나와 있는 중분류와 소분류의 용어를 사용하여 표현해보도록 하자.

즉 '과일향이 강하며 특히 바나나향이 많이 나는 것 같다.' 또는 '짙은 캐러멜향이 나며 달달한 느낌이 든다.'라는 등의 표현으로 맥주의 아로마를 표현하면 된다.

■ 후각의 전달과정

① 맥주의 향은 바깥에서 인두를 통해 후각 망울에 도달한다.

② 향미의 지각 중 80%는 후각에 의해 제어된다.

③ 인간은 약 2,500만 개의 후각세포를 가지고 있다.

맥주의 아로마

대분류	중분류	소분류
아로마(aroma)	젖은 종이, 신선하지 않은(oxidized, stale)	알칼리성(alkaline)
		분필(chalky)
		가죽(leathery)
		종이(papery)
		고양이(catty)
		신선하지 않음(stale)
	산화, 산성(sour, acidic)	식초(acetic)
		산성(acidic)
	유황의(sulfury)	빵, 이스트(yeasty)
		야채요리(cooked vegetable)
		아황산염과 관련한(sulfitic)
		성냥 타는 냄새(sulfuric)
	지방질의(fatty)	기름기의(oily)
		역한(rancid)
		버터스카치(diacetyl)
		지방산(fatty acid)
	페놀(phenolic)	병원 약냄새(phenolic)
	캐러멜화(caramelized)	캐러멜(caramel)
		불에 탄(burnt)
	곡물(cereal)	곡물(grainy)

	몰트(malty)
	맥아즙(malty)
수지로 만든, 견과류 (resinous, nutty)	수지(resinous)
	견과류(nutty)
	자른 풀(grassy)
방향의(aromatic)	알코올(alcoholic)
	바나나(estery)
	과일(fruity)
	풋사과(acetaldehyde)
	꽃(floral)

미각, 꿀깍꿀깍 목 넘기기

향을 맡았다면 이제 본격적으로 맥주를 마셔보자. 먼저 맥주를 한 모금 마시고 입안에서 굴린다. 그리고 맥주를 입안에 둔 상태에서 외부 공기를 들이마신다. 이때 '추으읍~' 하고 들이켜는 소리가 나도 예의에 어긋나는 것이 아니니 신경 쓰지 않아도 된다. 이런 방법을 통해서 맥주의 맛과 향을 좀 더 자세히 느낄 수 있다. 그런 다음 완전히 맥주를 삼키면서 마신다. 수제맥주일수록 더 다양한 맛을 지니고 있기 때문에 맛과 향의 미묘한 변화를 감지할 수 있다.

■ 맥주의 미각

미각은 5감을 통하여 표현할 수 있으며 미각을 좀 더 포괄적으로 표현하는 방법이 식감이다. 식감은 5감을 넘어 맥주의 전반적인 맛을 표현한다. 미각보다 더 광범위한 의미를 가지고 있다고 볼 수 있다.

대분류	중분류	소분류
미각(taste)	쓴맛(bitter)	쓴맛
	짠맛(salty)	짠맛
	단맛(sweet)	단맛
	신맛, 산성 맛(sour, acidic)	신맛
	농도(body)	농도
식감(mouthfeel)	식감	탄산화(carbonation)
		분말가루(powdery)
		떫은(astringent)
		입이 코팅된(mouthcoating)

■ 아우~ 써!!! 맥주의 쓴맛을 나타내는 IBU

맥주는 독특한 쓴맛을 가지고 있는데 이것은 맥주에 들어가는 홉(Hop)에 의해 생겨나는 맛이다. 쓴맛의 수치화는 맥주에 함유되어 있는 이소알파산의 비율이 1~100의 수치로 표기된다. 이것을 IBU(International Bitterness Unit)라고 한다. 하면발효를 하는 라거맥주의 IBU는 평균 20IBU 이하이다. 쓴맛을 나타내는 IBU의 정도를 정리하면 아래와 같다.

IBU	종류	쓴맛의 정도
10~20	라거맥주	느끼지 못함
20~30	빅웨이브, 엠버 에일, 슈렝케를라 바이젠	약간 쓴맛
30~40	대*강, 듀체스 드 부르고뉴	쓴맛이 강함
70	올드라스푸틴, 스컬핀	쓴맛이 아주 강함
90	-	-

■ 숫자로 읽는 맥주

모든 알코올성 맥주는 알코올을 함유하고 있으며, 알코올을 나타내는 용어를 ABV(Alcohol By Volume)라 한다. 맥주는 대부분 4~6% 정도의 알코올을 함유하고 있으며, 에일(Ale)맥주는 10%가 넘는 것도 있다. 맥주의 색깔이 진하다고 알코올 도수가 높은 것은 아니다.

■ 미각의 전달과정

① 단맛, 쓴맛, 신맛, 짠맛, 감칠맛이 있다.
② 감각적 느낌의 맥주 맛 중 약 20%는 입안에서 일어난다.
③ 인구의 약 10%는 입안에 4,000개가량의 맛봉오리가 있다고 한다.

촉감

일반적인 식음료의 테이스팅은 시각, 후각, 미각으로 구성된다. 그러나 맥주는 독특한 향과 거품, 색깔 등을 갖고 있으니 입에서 느껴지는 또 하나의 촉감에 대하여 알아보도록 하자.

미각에서 표현했던 '단맛, 쓴맛, 신맛, 짠맛 그리고 감칠맛'과 별개로 입안에서 느껴지는 맥주의 무게감, 탄산감, 질감 그리고 알코올이 주는 촉감이 있다.

먼저 바디(body)는 입과 목 넘김에서 느껴지는 무게감을 의미한다. 가볍다거나 무거움으로 표현한다. 가벼우면 라이트 바디라고 하고, 라이트 바디보다 무거우면 미디엄 바디라고 한다. 아주 걸쭉한 무거움이 느껴지면, 풀바디라고 표현한다.

입안에서 느껴지는 탄산에 대한 표현은 약, 중, 강으로 나누며 탄산감이 너무 강하면 맥주 고유의 맛을 느끼지 못하는 경우도 있다.

질감은 부드러움, 거칢, 떫음으로 표현하며 떫은 질감은 홉을 많이 사용하거나 태운 몰트를 사용하였을 때 느껴지는 질감이다.

알코올에 대한 질감은 알코올의 함유량에 따라 도수가 낮으면 느껴지지 않을 수도 있고 약하게 느껴질 수 있으며, 독하고 역하게 느껴지는 경우도 있다.

■ 에일(Ale)맥주 지도

수제맥주 지도를 보며 다양한 맥주를 맛보기 해보자.

지도에 나와 있는 수제맥주의 분류는 페일 에일, IPA, 포터, 윗비어, 앰버에일, 스타우트 그리고 브라운 에일을 소개하였다.

아직 국내에 수입되지 않은 수제맥주도 있다. 그러나 조금 더 수제맥주를 학습하여 직접 그 스타일에 맞는 맥주를 만들어보면 어떨까?

수제맥주는 앞에서 학습한 제4장의 수제맥주 만들기 어렵지 않아요 에서 소개한 대로 하면 다양한 종류의 맥주를 만들 수 있다.

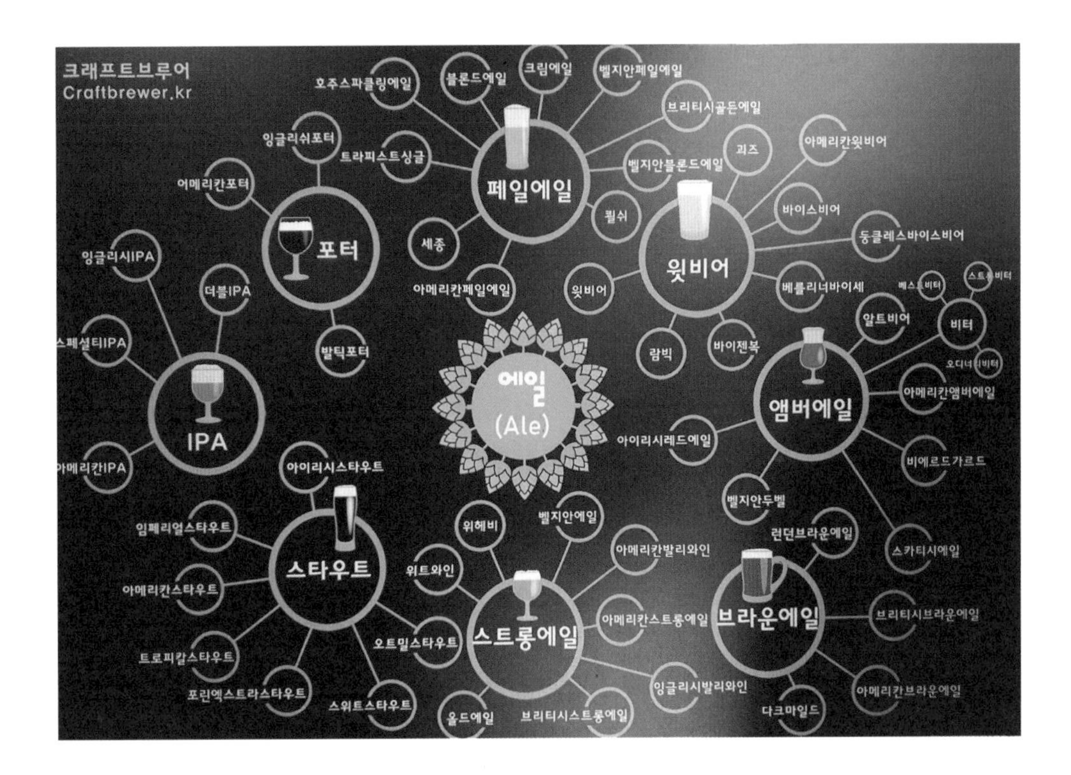

3 나도 비어소믈리에

나도 비어소믈리에! 전문가 흉내내기

크래프트 맥주는 내용을 알고 즐기면 재미가 100배이다. 먼저 맥주 맛을 제대로 즐기기 위해서는 중요한 포인트가 있다. 그것이 앞에서 학습한 시각, 후각, 미각 그리고 전체적인 식감이다.

다시 정리하면 아래와 같다.

■ 눈으로 보아야 하는 색과 거품

맥주는 크게 흰색, 황금색, 갈색, 검은색으로 구분할 수 있고, 맥주 스타일을 구분할 때, 흰색은 바이젠, 황금색 필스너, 갈색은 어두운 IPA, 검은색은 흑맥주 스타일이라는 것을 알 수 있다. 맥주의 색을 만드는 데는 몰트의 영향을 받고 몰트 베이스가 되는 '몰트, 색, 향, 바디감'에 영향을 주는 특수 몰트가 있다.

■ 코로 느끼는 맥주의 향, 아로마

아로마는 몰티향(곡물에서 주는 향), 홉피향(홉에서 주는 향)으로 구분하고, 과일향, 꽃향, 허브향같이 달콤한 향들은 홉에서 주는 향이고 곡물의 구수함, 설탕 맛 등은 곡물에서 주는 향이다.

■ 입에서 느끼는 맛

입안에서는 맛과 향 그리고 바디감 등의 다양한 형태로 느낄 수 있다. 맛에는 단맛, 짠맛, 쓴맛, 신맛, 감칠맛이 있고 바디감은 무거운, 또는 가벼운으로 느낄 수 있다.

단맛은 몰트에서 영향을 미치고, 짠맛은 양조할 때 물의 염도를 높여서 양조하고,

신맛은 효모에 의해서 만들어지며 감칠맛은 여러 가지 맛들의 밸런스가 잘 이루어졌을 때, 복합적으로 상승되는 맛이라 할 수 있다.

바디감은 물속에 아무것도 없는 것을 마실 때와 설탕이나 소금을 넣어서 마셨을 때의 느낌 즉 물에 무엇인가 함유되어 있다는 것은 바디감이 있다고 표현할 수 있다. 주로 스위트한 맥주에서 느껴지는 무게감이라고도 할 수 있다.

쓴맛은 홉에서 주는 성분이다. 고미성분이라 표현하고 맥즙을 끓일 때 홉 속에 들어 있는 고미성분이 끓이는 동안 쓴맛으로 바뀐다.

■ 맥주 스타일별 맛있게 즐길 수 있는 최적의 온도

음식도 맛있게 먹으려면 음식 스타일 및 계절마다 적절한 온도가 있듯이 맥주도 마찬가지다. 에일맥주는 10~16℃에서 즐겨야 맛과 향을 제대로 즐길 수 있다. 그러나 일반적으로 맥주의 음용 온도는 4℃가 제일 적당하다. 다만 4℃에서는 아로마와 미감이 다소 떨어질 수 있다. 맥주가 차갑지 않으면 텁텁함과 걸쭉함을 많이 느끼기 때문에 일반적으로 차갑게 해서 마시는 것이 좋을 듯하다.

또한 알코올 도수가 낮은 에일은 차갑게, 높은 도수의 에일맥주는 덜 차갑게 즐겨야 한다.

■ 맛보기 테이스팅 노트

음식의 맛을 평가하는 것을 관능평가라 하고 사람의 오감을 사용한 검사 방법이다.

맥주의 관능평가 시, '색과 거품 생성, 거품유지, 탁도, 향기, 순수한 맛, 뒷맛, 농후한 정도, 쓴맛의 강도'를 고려하여야 한다.

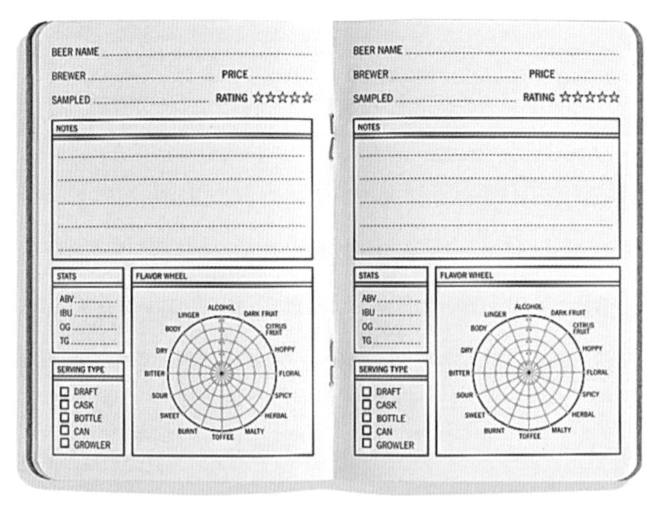

출처: 크래프트 맥주 창업론

맥주 테이스팅 노트

■ 테이스팅 사례

쾰슈 맥주는 라이트 하이브리드 맥주(light hybrid beer)이고, ABV 4.8%, IBU 25, SRM 3.5~5이다.

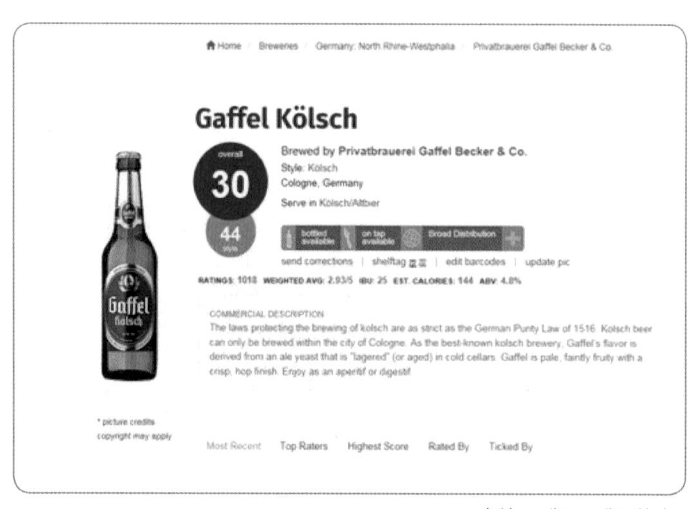

출처: 크래프트 맥주 창업론

쾰슈맥주

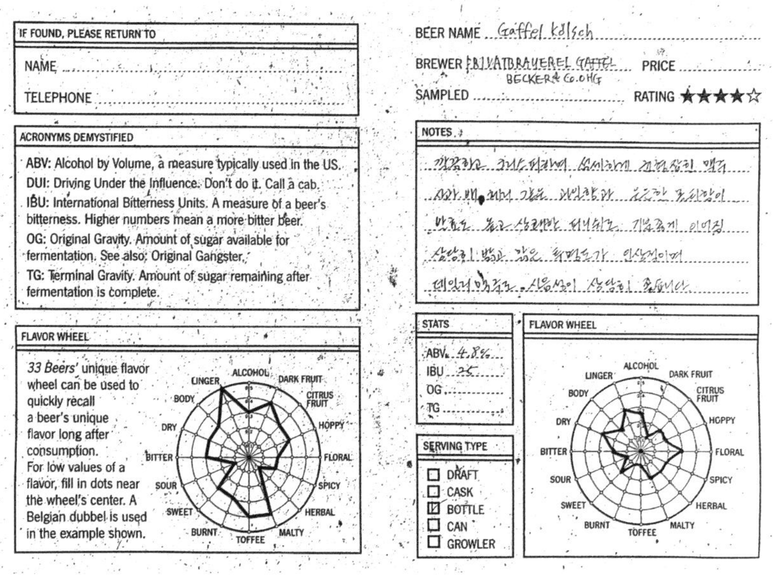
IF FOUND, PLEASE RETURN TO

NAME

TELEPHONE

ACRONYMS DEMYSTIFIED

ABV: Alcohol by Volume, a measure typically used in the US.
DUI: Driving Under the Influence. Don't do it. Call a cab.
IBU: International Bitterness Units. A measure of a beer's bitterness. Higher numbers mean a more bitter beer.
OG: Original Gravity. Amount of sugar available for fermentation. See also: Original Gangster.
TG: Terminal Gravity. Amount of sugar remaining after fermentation is complete.

FLAVOR WHEEL

33 Beers' unique flavor wheel can be used to quickly recall a beer's unique flavor long after consumption. For low values of a flavor, fill in dots near the wheel's center. A Belgian dubbel is used in the example shown.

BEER NAME Gaffel kölsch

BREWER PRIVATBRAUEREI GAFFEL BECKER & CO.OHG PRICE

SAMPLED RATING ★★★★☆

NOTES

STATS

ABV 4.8%
IBU 25
OG
TG

SERVING TYPE

☐ DRAFT
☐ CASK
☑ BOTTLE
☐ CAN
☐ GROWLER

FLAVOR WHEEL

출처: 크래프트 맥주 창업론

테이스팅 작성 노트

■ 쾰슈 맥주 테이스팅 평가 내용 정리

오감		관능평가
시각	외형(appearance)	매우 옅은 금색(공인 쾰슈는 대단히 맑게 필터링) 연약한 흰색 거품을 가지고 있으며 오래 지속되지 않는 편이다.
후각	아로마(aroma)	매우 옅은 필스너 몰트의 아로마, 발효로 인해 미미하지만 좋은 과일향(사과, 체리, 배), 낮은 수준의 노블 홉 아로마, 살짝 와인 또는 유황 같은 향을 가지고 있다.
미각	향미(flavor)	부드러우면서 발효가 잘 이루어진 몰트이고, 발효로 인해 미미하게 느껴지는 과일의 스위트함, 드라이함과 약간의 시큼한 뒷맛을 동반한 상중하에서 중 정도의 쓴맛이 있다. 위 세 가지의 밸런스가 섬세하게 잡혀 있어 부드럽고 균형감이 있다. 중간 정도의 노블 홉 플레이버이다.
	식감(mouthfeel)	부드럽고 청량함, 미디엄 라이트 바디, 탄산화도 미디엄 정도이며, 발효가 깔끔하게 잘 되어 있다.
촉각(tactile sense)		입안 전체적으로 깔끔함이 느껴지고 부드럽고 미끈한 생수 같은 느낌이 있다.
전반적 평가		깔끔하고 청량하며 대단히 미미한 과일 맛과 향을 가지고 있는 밸런스가 정교하게 잘 맞추어져 있는 맥주이다. 절제된 몰티함이 기분 좋게 리프레싱시켜 주고 톡 쏘는 뒷맛까지 내내 이어진다. 훈련되지 않은 시음자의 경우 라이트 라거, 혹은 미묘한 필스너, 때로는 블론드 에일로 착각할 수 있을 것 같다.

출처: 오사카 원스 브루어리

제7장

이제 나도 브루펍 CEO

1. 사업계획서
2. 소규모 양조장 주류의 정의
3. 주류 제조면허 신청
4. 주류제조장 시설기준
5. 제조관리
6. 판매관리

수제맥주란 무엇인가?

이 질문에 대한 답을 찾기 위해 지금까지 맥주에 대하여 학습을 했다.

1장부터 차곡차곡 익히고 실험실습하면서 수제맥주가 무엇인가에 대해 미미하고 미흡하지만 답을 찾았으리라 생각한다. 다양화되어 가는 현대 사회에서 보편일률적인 식상한 맥주의 맛에서 벗어나 새롭고 특색 있는 맛을 찾고자 우리는 수제맥주를 배웠다.

이제 좀 더 나아가 브루펍, 브루어리 하우스 창업에 대하여 익혀보도록 하자.

창업을 하기 위해서는 먼저 창업가 마인드부터 시작하여야 한다. 어떻게 보면 철학적인 의미일 수는 있겠으나 앞서 간 많은 창업자들에 대하여 학습을 하고 우리도 창업가 마인드를 익혀야 할 것이다.

그러나 여기에서 제시할 내용은 일반적이고 보편화되어 있는 사업계획서 작성과 소규모 양조장을 창업하기 위한 법리적 내용을 소개할 것이다.

사업계획서란 집을 짓기 위해 도면을 그리듯이 창업하고자 하는 전반적인 내용을 분석해보는 과정이라 할 수 있다.

여기에서 기초를 다지고 좀 더 심화된 내용은 여러 책과 정보를 통하여 익히기를 희망한다. 또한 여기에 소개하는 소규모 양조장 관련 내용은 국세청주류면허지원센터의 자료를 인용한 것이니 더 자세한 내용을 알고 싶으면 국세청주류면허지원센터 홈페이지를 참고하면 된다.

수제맥주 전문점인 브루펍을 오픈하기 위한 창업 가이드를 학습해보도록 하자.

그럼 지금부터 사업계획서를 작성해보도록 하자.

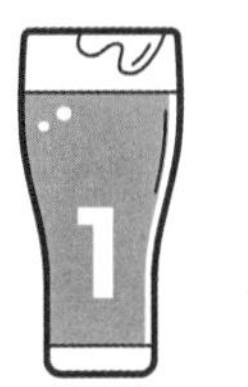

사업계획서

1.1 사업계획의 개요

창업의 개요

자신이 창업하고자 하는 브루펍의 개요를 정리해보자. 과연 내가 창업하려는 브루펍이 어떤 유형인지 내가 가진 자본으로 충분히 성공적인 창업이 가능한지 스스로 정리할 수 있어야 한다.

작성자			나이	
경력				
작성기간		20 년 월 일 ~ 20 년 월 일		
용도		창업추진을 위한 목표설정, 체크리스트, 매뉴얼		
희망 업종	대분류	음식		
	중분류			
	소분류			
창업형태		독립 / 프랜차이즈	경영참여	경영 / 투자
창업자금			희망점포규모(평)	
권리금			보증금/ 임차료	/
목표순이익/월			예상창업시기	
선택 업종 개요				

창업의 목적과 목표

성공하려면 창업의 목적과 목표가 명확해야 한다. 왜 창업을 하려는지 창업을 한다면 어떤 성과를 얻고 싶은지 구체적이어야만 의미 있는 창업을 할 수 있다.

구분		해당여부
창업목적	생계를 위한 수입확보 수단	
	직업을 얻기 위하여	
	여유자금의 투자를 위하여	
	프랜차이즈 사업으로의 확장을 위하여	
	친교를 위한 커뮤니티 공간이 필요하여	
	무엇이든 즐기는 다양한 활동의 장소	
	새로운 분야에 대한 도전을 위하여	
	특별한 기술과 삶의 방식을 배우기 위하여	
	식문화(음식, 분위기 등)를 즐기기 위하여	
창업목표		

창업준비도

창업도 준비운동이 필요하다. 충분한 준비가 되지 않은 상태에서 이루어진 창업은 결코 성공할 수 없다. 자신이 브루펍 음식점을 창업할 준비가 충분한지 체크해보자.

과목명	준비도			종합의견
	상	중	하	
외식창업론				
상권분석론				
외식마케팅				
사업계획서 작성법				
사업타당성 분석법				
서비스경영론				
메뉴개발 및 관리론				
벤치마킹 대상 업체1				
벤치마킹 대상 업체2				

사업타당성(정성적 부문) 분석

준비만 되었다고 모두 성공할 수는 없다. 실제로 사업을 시작했을 때 해당 브루펍 사업이 타당성이 있는지 예측해보아야 한다. 주로 경영자의 준비도 경영자가 선택한 음식의 메뉴로 브루펍 음식점을 할 경우 성공가능성이 있는지 스스로 판단하기 위한 단계이다. 정량적인 사업타당성 분석은 상권분석 단계에서 할 것이니 여기서는 정성적인 판단을 해보도록 하자.

주요항목	평가요소	세부검토사항	평가			종합
			상	중	하	
창업자의 사업능력	창업적합도	사업경험 및 지식 정도				
		사업수행능력(친절도, 영업력 등) 여부				
		업종, 적성, 경력, 경영능력 등의 적합성				
	경영마인드	경영 및 서비스 마인드				
		반드시 성공하겠다는 굳은 의지				
		고객유치 및 판매전략 여부				

상품성	상품의 적합성	조리방법의 충분한 습득				
		주력메뉴(상품)의 대중성				
		식재료 구입의 편의성				
	상품의 독점성	주력메뉴 및 식자재의 독점성				
		독자적 기술과 노하우의 보유				
시장성	경쟁성	경쟁업체의 세력 및 분포도				
		경쟁제품과의 품질 및 가격의 비교우위				
		차별화 가능여부				
	시장의 장래성	잠재고객 수의 증가 가능성				
		대기업의 침투 가능성				
		소비자의 성향 및 필요성				
수익성	제품생산 및 판매 효율성	식재료 비용의 가격대비 비율				
		조리의 효율성				
	적정이윤 보장성	식재료 조달방법 및 금액				
		임차료 및 인건비의 적정성				
		원가, 인건비, 관리비를 제한 적정이윤				
안정성	위험수준	불황 적응력				
		경쟁업체 출현 시 대처능력				
	자금투입 적정성	초기투자액에 대한 자금조달 범위				
		손익분기점의 수준 및 기간				
합계						

환경분석

창업 환경분석은 경영자가 음료시장과 외식산업에 대하여 충분히 이해를 하고 전략적으로 접근할 자세를 갖추었는지 확인하는 단계이다. 국내의 음료시장과 외식산업을 다양한 측면에서 정리함으로써 성공 가능성을 스스로 점검하게 될 것이다. 생각보다 외식산업은 치열한 경쟁과 대기업의 시장 점유로 인하여 성공 가능성이 높지는 않다. 다만 노력 여하에 따라 성공 가능한 유일한 사업분야임에 틀림없다.

■ PEST 분석

구분	내용	종합의견
정치적 환경		
경제적 환경		
사회적 환경		
기술적 환경		

■ 브루펍 외식창업의 SWOT 분석

구분	내부환경		외부환경	
긍정적 환경	강점 (S)		기회 (O)	
부정적 환경	약점 (W)		위협 (T)	

1.2 컨셉

컨셉은 브루펍 음식점의 본질을 결정하는 단계이다. 경영자는 물론이고 소비자들도 한마디로 브루펍 음식점을 각인하고 호칭할 수 있는 전문점을 추구하여야 한다. 다만 대중성과 다양성도 고려해야 장기간 성공적인 유지가 가능할 것이다.

컨셉 설정에는 창업자의 철학이 들어가야 한다. 소비자들과 직원들이 딱 보고 "아~~~"라고 할 수 있는 비전을 설정하여야 한다.

사명(Mission) 및 비전(Vision)

구 분	내 용
사명선언서	
비 전	
슬로건	

브루펍 외식사업을 위한 로드맵

구분	1년 후	2년 후	5년 후	10년 후
점포의 수명주기				
수익성				
점포 확장				

자기개발				
사회공헌				

컨셉의 구성요소

<table>
<tr><th colspan="2">구분</th><th>내용</th><th>속성1</th><th>속성2</th><th>속성3</th></tr>
<tr><td rowspan="2">업종</td><td>메뉴</td><td>대표적 상품</td><td></td><td></td><td></td></tr>
<tr><td>메뉴 수</td><td>각 상품별 종류</td><td></td><td></td><td></td></tr>
<tr><td rowspan="2">목표 고객</td><td>이용 목적</td><td>이용동기(모임, 연인, 휴식 등)</td><td></td><td></td><td></td></tr>
<tr><td>목표 시장</td><td>주부, 연인, 가족 등</td><td></td><td></td><td></td></tr>
<tr><td>업태</td><td>서비스 형태</td><td>제공 서비스 수준(고급, 일반 등)</td><td></td><td></td><td></td></tr>
<tr><td rowspan="2">인테리어</td><td>테마</td><td>음식점의 주제(스포츠 바 등)</td><td></td><td></td><td></td></tr>
<tr><td>분위기</td><td>분위기 유형</td><td></td><td></td><td></td></tr>
<tr><td colspan="2">상권</td><td>주택가, 오피스, 중심상권 등</td><td></td><td></td><td></td></tr>
<tr><td colspan="2">입지</td><td>1급지, 2급지, 3급지</td><td></td><td></td><td></td></tr>
<tr><td colspan="2">가격</td><td>예상 객단가</td><td></td><td></td><td></td></tr>
<tr><td colspan="2">판매방법</td><td>내부, 외부, 배달 판매 등</td><td></td><td></td><td></td></tr>
<tr><td colspan="2">규모(평수)</td><td>홀과 주방의 규모</td><td></td><td></td><td></td></tr>
<tr><td colspan="2">좌석 수</td><td>테이블 수</td><td></td><td></td><td></td></tr>
<tr><td colspan="2">영업일수</td><td>휴무일 지정</td><td></td><td></td><td></td></tr>
<tr><td colspan="2">영업시간</td><td>아침, 점심, 저녁, Break Time 여부</td><td></td><td></td><td></td></tr>
</table>

특징적 내용	부가적 이익 요소 케이터링, 연회, 장소대여 등			
식사시간	평균 식사시간			
회전율	일별 회전율			
브랜드	차별적 가치			

컨셉의 개발

컨셉을 구성하는 항목들에 대한 속성 정리가 마무리되면, 자신이 창업하고자 하는 브루펍 점포에 대한 컨셉을 아래와 같이 개발해야 한다. 정리를 해보면 자신이 창업하고자 하는 브루펍 음식점이 어떻게 구현될지 한눈에 알 수 있을 것이다.

구 분	내 용		
업종		목표고객층	
정체성		편익	
후보 브랜드			
업태	What(주메뉴, 보조메뉴)		
	Why(이용 동기)		
	Who(주요 고객)		
	When(주요 이용시간)		
	Where(상권과 입지)		
	How(점포의 형태)		
	How much(객단가)		
	서비스 수준		
분위기			

브랜드 개발

향후의 사업 확장을 고려한다면 반드시 좋은 브랜드가 필요하다. 브루펍 음식점 사업의 최종 목표는 가치가 높은 브랜드를 만드는 것이라 해도 과언이 아니다. 음식점을 소비자들이 쉽게 인지하고 오랫동안 기억하도록 만들어서 충성도를 높이기 위해서는 브랜드가 매우 중요하다.

가능하면 상표등록이 가능한 상호를 개발하는 것이 좋다. BI와 CI도 함께 고려하여 브랜드 네이밍을 해보도록 하자.

네이밍

네이밍 스크리닝(100점)

	항목	점수		항목	점수
1	목표와 전략의 적합도(10)		6	구전용이성(10)	
2	경쟁차별도(10)		7	디자인구현적합성(시각성)(10)	
3	부정적 인식도/ 친근성(10)		8	감성도(10)	
4	발음구현도/ 가독성(10)		9	법률적 스크리닝(10)	
5	기억 회상도(10)		10	본인의 철학(10)	
합계			5점 이하 항목		

특허청 검색?

특허청 사이트에 가면 브랜드에 대한 특허, 상표 등을 검색할 수 있다. 필히 검색하여 본인이 사용하고자 하는 브랜드가 상표 등록이 되어 있는지 확인해야 한다.

유사 상표 사용 및 도안은 가능하나 도용을 하거나 무단 복제로 사용할 경우 상표권자로부터 상표 사용에 대한 비용 청구 및 소송의 문제가 발생할 수 있다.

■ 특이하나 부르기가 좋은가?

브랜드 즉 상호는 발음하기 좋아야 한다. 한번 들으면 기억할 수 있고 발음하기 좋아서 기억 회상도가 높은 것으로 정하여야 한다.

■ 픽토그램(pictogram)이란?

브랜드는 스타벅스처럼 글씨로 되어 있다. 이러한 글씨와 함께 들어가 있는 그림을 픽토그램이라고 한다. 줄여서 보통 픽토라고 부르기도 한다.

픽토그램(pictogram)이란 인포그래픽의 한 갈래로 그림을 뜻하는 '픽처(picture)'와 문자 또는 도해를 의미하는 '그램(gram)'의 합성어이다. 이는 어떤 대상이나 장소에 관한 정보를 알리기 위해 문자를 사용하지 않고도 동일한 의미로 이해할 수 있도록 조합한 그림을 가리킨다.

다시 말하면 '그림 문자', '픽토', 또는 '픽토그래프'라는 명칭으로 부르기도 한다.

즉 간판 및 제품에 글씨와 함께 붙어 있는 그림을 말한다.

■ 픽토그램(pictogram)을 만들어볼까?

필자가 픽토에 대하여 강조하는 이유는 오래전 외식사업을 할 때 타 회사에서 만든 작은 도안 하나를 무단으로 가져다 사용한 적이 있기 때문이다. 그런데 얼마 지나지 않아 변호사를 통하여 내용증명서(소송)를 받았다. 내용증명서의 내용은 자기들이 만들어놓은 도안을 무단으로 사용하였다는 것이다.

그래서 필자는 그때까지 사용한 도안(픽토)의 사용료를 모두 지불한 적이 있다. 따라서 브랜드 및 상표를 만들고자 할 때 인터넷에 있는 그림이나 사진, 로고 등을 무단으로 사용하면 절대 안 된다.

만들고자 하는 상호와 어울리는 사진, 그림, 도안 등을 검색하고 그것을 참고해서 창작을 하여야 한다.

어렵게 보이지만 그렇지 않다. 조금만 신경 쓰면 자기만의 창조적인 픽토를 만들 수 있을 것이다.

■ 스타벅스의 픽토는 인어공주?

스타벅스의 픽토에 대해 알아보자.

스타벅스 로고는 그리스 신화에 나오는 세이렌(Siren)이라는 바다의 인어로 17세기 판화를 참고로 제작했다고 한다.

세이렌은 아름답고 달콤한 노랫소리로 지나가는 배의 선원들을 유혹하여 죽게 하는 것으로 알려졌는데, 이처럼 사람들을 홀려서 스타벅스에 자주 발걸음을 하게 만들겠다는 뜻이라고 한다.

1971년 설립 당시엔 갈색 배경의 상반신이 나체인 세이렌이 로고였으나, 1987년, 1992년, 2011년 세 번의 로고 변화를 거쳐 녹색 배경의 세이렌의 얼굴이 클로즈업된 현재의 로고로 변화하였다.

■ 선정적이고 불법적인 것이 더 끌려!

브랜드는 곧 브루펍의 얼굴이자 모든 내용을 담고 있는 함축적인 의미를 가지고 있다. 브랜드는 자사의 이익뿐만 아니라 사회 공헌적인 측면의 의미도 가지고 있다고 할 수 있다.

따라서 선정적이고 불법적이거나 비도덕적인 것은 피하는 것이 좋다.

예를 들어 대도시 중심상권에 브루펍을 오픈하면서 음식 메뉴로 단고기(개고기)를 판매한다고 생각해보자. 단고기를 좋아하는 일부 사람들은 환영하고 단골이 되겠지만 일반적인 사람들은 많은 거부감을 느낄 것이다.

1.3 상권분석

이제 브루펍의 컨셉도 잡았고 네이밍도 하였다. 본격적으로 오픈할 입지를 선정하는 상권분석을 해보도록 하자.

여기에서 소개할 상권분석은 간소화 버전으로 상권과 입지조사 분석을 단순한 체크리스트로 체크할 수 있도록 만들었다. 가능한 상권분석은 풀버전으로 상세히 하는 것이 옳은 방법이지만 사업계획서 작성을 위한 학습 차원에서 간소화 버전만으로도 상권분석단계를 이해할 수 있을 것이다.

상권과 입지는 한번 선택하면 장기간 절대로 바꿀 수 없다는 점에서 그 중요성이 강조된다. 브루펍 경영자의 능력으로 문제점을 극복할 수 없는 점포를 고른다면 창업은 실패로 이어질 수도 있다.

가능하면 사업계획서를 작성하기 전에 상권분석과 사업타당성 분석을 먼저 할 것을 권장한다. 특히 외식사업에서 상권분석은 소비자와 시장조사를 포함해서 진행하는 것이 좋다. 소비자를 알고 경쟁점 그리고 시장상황을 정확히 이해해야만 성공할 수 있다. 여기서 소개한 상권분석 내용은 학습자의 이해를 돕기 위해 간단하게 하였으나 상권분석의 내용은 여러 종류로 이루어졌으니 좀 더 구체적이고 깊이 있는 분석을 희망한다면 상권분석론에 관련된 책과 선행연구를 더 찾아서 참고하기 바란다.

상권 및 입지 조사 분석

상권은 A급, B급, C급으로 구분하여 분석하는 것이 일반적이다. 아래 표를 보면서 오픈하고자 하는 점포가 위치한 상권을 자세히 작성해보도록 하자.

구분	판단기준		
	A급	B급	C급
1차 상권(반경 500미터) 인구수	15,000명 이상	10,000명 이상	5,000명 이상
2차 상권(반경 1킬로미터) 인구수	50,000명 이상	30,000명 이상	20,000명 이상
상권 인구증가율	5% 이상	3% 이상	1% 이상
상권 1세대당 인구수	2.5인 이상	2.0인 이상	2.0인 미만
상권 사업체 수	증가	미세한 증가	변화없음
점포에서 역까지의 시간(도보)	1분 이내	5분 이내	8분 이내
점포에서 역까지의 거리	30미터 이내	50미터 이내	100미터 이내
지하철역의 승하차 인원수(1일)	10만 명 이상	7만 명 이상	5만 명 이상

전면도로의 차량통행량(12시간)	3만 대 이상	2만 대 이상	1만 대 이상
전면도로의 유동인구수(12시간)	10,000명 이상	7,000명 이상	4,000명 이상
점포의 가시성	매우 양호	양호	보통
주차가능대수	20대 이상	10대 이상	5대 이상
점포의 전면	7미터 이상	4미터 이상	2미터 이상
점포의 위치	1층	1층+2층	2층 이상, 지하
간판 설치 위치	전면+측면	전면	측면

점포 조사와 분석

상권을 정하였으면 다음 진행 단계는 점포를 결정하는 것이다. 보기 좋은 떡이 먹기도 좋다고 하였다. 점포를 세부적으로 잘 분석하여야 한다.

이렇게 최종 선정된 점포에 대하여 아래 체크리스트를 이용하여 계약체결 여부를 판단하면 된다.

구분	세부내용
1. 몇 층 건물인가?	
2. 점포 앞의 전면도로는 직선인가?	
3. 전면도로는 횡단 가능한가?	
4. 전면 보도의 보행자 수와 속도는 적절한가?	
5. 어떤 방향에서 점포가 보이는가?	
6. 점포의 어디가 보이는가?	
7. 어떤 거리에서 보이는가?	
8. 간판의 설치 위치는 보기 쉬운 것인가?	
9. 간판의 설치 폭은 충분한가?	
10. 점포 앞에 간판을 놓을 수 있는가?	
11. 거는 간판은 설치 가능한가?	
12. 점포 입구의 폭은 얼마나 되는가?	

13. 점포 앞의 인도에는 여유가 있는가?	
14. 주변의 장애물은 없는가?	
15. 주변 및 같은 건물 안의 회사는 적절한가?	
16. 입구는 점포의 어느 쪽이 되는가?	
17. 입구는 전용계단인지 공용계단인지 확인?	
18. 입구에는 계단높이가 얼마나 되는가?	
19. 입구에 여유공간이 있는가?	
20. 입구가 도로에서 너무 안으로 들어가 있지는 않는가?	
21. 점포면적은 적절한가?	
22. 점포형태는 사용하기 쉬운가?	
23. 건물이 지나치게 오래되지는 않았는가?	
24. 설비용량은 적절한가?(전기, 가스, 수도)	
25. 점포공사는 하기 쉬운가?	
26. 건물의 건축설명, 도면 등은 입수 가능한가?	
27. 응달과 석양이 너무 지나치지는 않은가?	
28. 임차비용 이외에 많은 비용이 들지 않는가?	
29. 뒷문이 있는가?	
30. 주차장이 있는가?	

후보 상권 선정 및 비교

■ 후보 상권

연번	후보 상권	주소
A		
B		
C		

상권의 주소는 상권 내 중심점을 기준으로 작성하면 된다.

■ 후보 상권의 비교

상권에 대한 정보는 소상공인시장진흥공단, 중소기업청 상권정보시스템, 나이스비즈맵, 메디칼타운 지하철 승하차 정보 등을 활용할 수 있으며 경우에 따라서는 상권 내의 부동산을 방문하여 확인할 수도 있다.

구분	(A) 상권	(B) 상권	(C) 상권
유동인구			
임차비(원)			
평균매출			
추천업종			
총점			
평가			

총점의 점수는 3점 척도(좋음-3점, 보통-2점, 나쁨-1점)로 평가하면 된다.

■ 세부적인 상권조사 분석 작성

선정된 상권의 세부내용을 작성해보도록 하자. 가능하면 객관적인 관점에서, 위에서 분석한 데이터를 바탕으로 작성하여야 한다.

상권규모(상가권)

상권범위(상가권의 상세권)

교통 및 주요 시설 현황

인구동향

상권 내 경쟁점 및 유사업종 분석

상권 변화예측

1.4 사업타당성 분석

얼마를 벌고 싶은가?

자금 조달방법은 무엇인가?

이제 브루펍을 오픈하기 위하여 자금 조달방법과 매출 계획을 수립해보자. 아무리 좋은 취지에서 사업을 시작하였다 하더라도 점포를 충분히 운영할 매출이 발생하지 않으면 경영상의 문제가 발생한다.

오픈하고자 하는 상권 및 점포를 계약할 수 있는 충분한 자금 조달계획이 이루어져 있는지?

주위 점포 및 브루펍보다 비교 우위에 설 수 있는 매출계획은 수립되어 있는지?

브루펍 또한 맥주와 함께 먹을 수 있는 음식 메뉴가 중요한데 메뉴는 충분히 경쟁력이 있는지?

지금부터 차곡차곡 분석을 해보도록 하자.

수익성 분석

구분		금액(원)	기타
투자비	권리금		
	보증금		
	시설비		
	예비비		
	합계		
수익성	예상매출액		중간수준의 예상매출액
	식재료비		시장조사 결과 약 35%로 추정
	인건비		시장조사 결과 약 20%로 추정
	임차료		시장조사 결과 약 10%로 추정
	관리비, 부가세 예수금 등		시장조사 결과 약 15%로 추정
	영업이익		
투자수익률(%)			영업이익/투자비*100

시설비용 추정

구분	내용		금액	소계 합계
외부공사 (파사드 간판 등)	외부 간판			
	내부 사인			
	외부조명			
	외부 야장 공사			
	외부 문			
	어닝			

인테리어	천장/벽체			
	칸막이			
	주방			
	바닥			
	전기조명			
	공조			
	예상 전기 승압			
	수장 공사			
	디스플레이			
	탁자			
	의자			
홀비품 홀기물 주방기물	집기			
	장비			
	그릇류			
옵션	철거			
	화장실			
	인허가			
	용도변경			
	민원공사			
	건물하자			
	냉난방기			
	순간온수기			
	닥트입상			
	팅커벨			
	포스, 카드단말기			
	영상			
	음향			
	방범			
	전기 승압, 수도			
	가스			
합계				

인건비 수준

구분	상	중	하	직원/ 월 인건비
조리팀 정규직(월, 원)				
조리팀 임시직(시급, 원)				
점장(월급, 원)				
서비스팀 정규직(월급, 원)				
서비스팀 임시직(시급, 원)				
지원팀 정규직				
종합의견 예상 인건비				

총투자비 추정

구분	항목				예상 금액(원)	비고
예상투자 자금	점포비	%	보증금			
			권리금			
			임차료			
			관리비			
	시설비	%	외부공사			
			인테리어			
			홀주방			
			옵션			
	초기운영비	%	초도비	식재료비		
				초도물품비		
				초도홍보비		

			인건비		
		운영비	제경비		
			금융비용		
			기타비용		
	예비비 %	6개월			
합계(원)					

자금조달계획

구분	항목	금액(원)	소계
자본금	본인		
	가족		
	친구		
	그 밖의 사람		
부채(대출금)			
부채(리스, 렌탈)			
합계			

매출액 추정

매출액은 다양한 방법을 통하여 최소 매출액과 최대 매출액을 추정하며 평일과 휴일의 매출액이 차이가 나는 경우 별도로 추정하여 월매출액을 잡아보도록 하자.

항목	내용		
테이블 수		객단가	

예상회전 수			이용 동기	
일매출액	최저		최고	
월매출액	최저		최고	

상권, 입지, 점포의 문제점 극복 방안

상권조사를 해보면 아무리 좋은 곳이라도 문제점이 있을 수 있다. 해당 문제점을 극복하지 못한다면 결코 성공할 수 없다. 만약 자신의 노력으로 문제점을 극복할 수 없다고 판단되면 창업을 보류하거나 방향을 수정하여야 한다.

예상되는 문제점은 필자가 아래 제시한 것보다 다양한 것이 있을 수 있다.

아래 문제점을 참고하여 발생할 수 있는 다양한 문제점을 사전검토해보자.

문제점	극복방법
여름에만 전면 도로의 유동인구가 있음	
가시성이 뛰어나지만 접근성은 열악함	
업종구성의 시너지효과 낮음	
권리금은 없으나 임차료와 관리비가 경쟁업체 대비 과다함	
직원 관련 애로사항 극복방안	
사회적 외부 환경 극복방안(코로나, 광우병 등)	
기타	

출처: 오사카 원스 브루어리

We Love Beer

소규모 양조장 주류의 정의

여기서 소개할 내용은 법적인 것들이다. 소규모 양조장 즉 브루펍을 오픈하기 위한 법적 규정들과 신청방법에 대하여 설명할 것이다. 좀 더 자세한 내용을 알고 싶으면 국세청주류면허지원센터 홈페이지를 활용하기 바란다.

아래 내용은 2023년 기준이며 국세청주류면허지원센터의 내용임을 다시 한번 밝힌다.

주류의 정의

- **주정** : 희석하여 음용할 수 있는 에틸알코올
- **조주정** : 불순물이 포함되어 직접 음용할 수 없으나 정제하면 음용할 수 있는 에틸알코올
- 알코올분 1도 이상의 음료(용해하여 음용할 수 있는 가루 상태인 것을 포함)
- 제조 원료가 용기에 담긴 상태로 제조장에서 반출되거나 수입신고된 후 추가적인 원료 주입 없이 용기 내에서 발효되어 최종적으로 알코올분 1도 이상의 음료가 되는 것

주류에서 제외되는 것

- 약사법에 따른 의약품으로서 알코올분이 6도 미만인 것
- 희석하여도 음료로 할 수 없는 것
- 주세법 별표 제4호 다목에 해당하는 주류 중 불휘발분 30도 이상인 것으로서 다른 식품의 조리과정에 첨가하여 풍미를 증진시키는 용도로 사용하기 위하여 제조된 식품

주류의 종류

주류의 종류(12종)	• 주정 • (발효주류) 탁주, 약주, 청주, 맥주, 과실주 • (증류주류) 소주, 위스키, 브랜디, 일반증류주, 리큐르 • 기타주류

소규모주류제조자의 정의

- 소규모주류제조자란 「주세법 시행령」에 따른 시설기준을 갖추고 탁주, 약주, 청주 또는 맥주를 제조하여 그 영업장에서 최종 소비자에게 판매하거나 다른 사업자의 영업장에 판매할 수 있는 자를 말함
- 소규모주류제조자에 대한 지원을 강화하기 위하여 기존의 소규모 맥주에서 소규모 탁주 · 약주 · 청주로 확대 시행(2016.2.25.) 이후 시설기준 및 판매경로 확대 시행(2018.4.1.)

맥주의 규격

일반사항	① 발아된 맥류, 홉, 물을 원료로 하여 발효시켜 제성하거나 여과하여 제성한 것 ② 녹말이 포함된 재료, 당분, 캐러멜 등 추가 가능 ③ 과실(과실즙과 건조시킨 과실 포함) 첨가 가능, 주정 혼합 가능 ④ 나무통에 저장 가능 ⑤ 허용 첨가재료 ▶ 당분, 산분, 조미료, 향료, 색소, 식물 ▶ 아스파탐, 스테비올배당체, 솔비톨, 수크랄로스, 아세설팜칼륨, 에리스리톨, 자일리톨, 효소처리스테비아, 우유, 분유, 유크림, 아스코르빈산, 「식품위생법」에 따라 허용되는 식품첨가물 중 유화제, 증점제, 안정제 등 성상의 변화 없이 품질을 균일하게 유지시키는 것

제한사항	① 발아된 맥류 사용량은 발아된 맥류, 녹말이 포함된 재료, 당분 또는 캐러멜 등의 합계 중량 기준 10% 이상 사용 ② 과실(과실즙과 건조시킨 과실 포함)은 발아된 맥류와 녹말이 포함된 재료의 합계 중량 기준 20% 이하 사용하거나 발아된 맥류의 중량 기준으로 50% 이하 사용 ③ 주류(주정, 주정을 물로 희석한 것 포함)를 첨가할 경우 해당주류의 알코올분은 25도 미만 ④ 맥주 성분규격 ▶ 에탄올 : 표시도수의 ±0.5도 이하 ▶ 메탄올(mg/mℓ) : 0.5 이하 ▶ 수크랄로스(g/kg) : 0.58 이하 ▶ 아세설팜칼륨(g/kg) : 0.35 이하

■ 첨가재료의 종류

첨가재료	▶ 당분 : 설탕, 포도당, 과당, 엿류, 당시럽류, 올리고당류, 유당 또는 꿀 ▶ 산분 : 「식품위생법」에 따라 허용되는 식품첨가물로서 그 주된 용도가 산도조절제로 사용되는 것 ▶ 조미료 : 아미노산류, 글리세린, 덱스트린, 홉, 무기염류, 탄닌산, 오크칩 ▶ 향료 : 「식품위생법」에 따라 허용되는 식품첨가물로서 그 주된 용도가 향료로 사용되는 것 ▶ 색소 : 「식품위생법」에 따라 허용되는 식품첨가물로서 그 주된 용도가 착색료로 사용되는 것 • 식용색소 종류에 따라 0.1~0.3g/kg 이하 ▶ 주류에 공통적으로 사용 가능한 첨가재료 • 이산화탄소, 질소, 산소 • 「식품위생법」에 따라 허용되는 식품첨가물로서 그 주된 용도가 보존료로 사용되는 것 • 「식품위생법」에 따라 허용되는 식품첨가물로서 그 주된 용도가 효모의 성장에 필요한 영양성분으로 사용되는 것 ▶ 「식품위생법」상 허용되는 식물 식품안전나라(https://www.foodsafetykorea.go.kr) → 전문정보 → 식품원료 → 식품원료목록 확인

■ 주류의 정의에 대한 질문

▶ 비알코올 음료와 무알코올 음료는 주류에 해당되는지?

무알코올은 알코올이 전혀 없음을 뜻하며, 비알코올은 제품에 1% 미만의 알코올이 포함된 경우를 말하는 것으로 두 음료 모두 「주세법」상 주류에 해당되지 아니함

▶ 희석식 소주는 공업용 알코올로 만드는지?

알코올은 식품용과 공업용으로 사용 용도가 나뉘는데, 희석식 소주는 곡물을 원료로 발효시켜 증류, 정제한 식품용 알코올을 사용하여 제조하고 있음

▶ 위스키가 함유된 초콜릿을 제조할 경우 주류 해당여부 및 판매가능 여부는?

초콜릿의 경우 음용이 불가능한 과자류의 일종으로 음료로 볼 수 없으므로 「주세법」상 주류에 해당하지 아니함

또한 「식품위생법」상 초콜릿류의 경우 제품화하기 위해서는 풍미증진의 목적으로 알코올 성분을 사용할 수 있으나, 이 경우 제품에는 1% 미만으로 잔류하여야 함

▶ 소주에 식물(인삼, 과일 등)을 넣어 침출한 경우 주류의 종류는?

소주 또는 주정에 인삼 등과 같이 불휘발 성분(당분 등)의 침출이 많지 않은 경우 일반증류주로 분류되나 과일을 침출하거나 꿀, 설탕 등을 첨가하여 불휘발 성분이 2% 이상일 경우 리큐르로 분류됨

▶ 구렁이술, 말벌주 등과 같은 특정 동물을 주류 원료로 사용할 수 있는지?

보호동물, 독성 등의 이유로 「식품위생법」상 식품원료로 사용이 금지된 경우 주류 원료로 사용할 수 없음

▶ 술지게미를 판매할 경우 주류에 해당되는지?

탁주 등의 주류(주정 제외) 제조 시 생성되는 술지게미는 음료목적으로 사용되지 않는 경우 주류에 해당되지 아니함

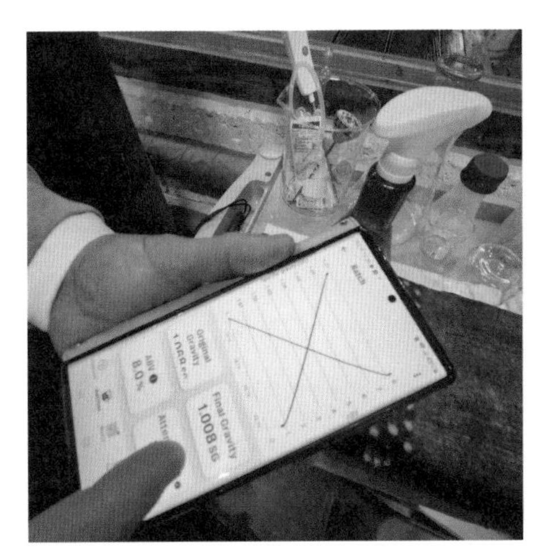

맥주 성분 측정 및 분석

주류 제조면허 신청

주류 제조면허

주류제조장에 시설기준과 그 밖의 요건을 갖추어 주류 종류별로 제조면허를 받아야 함

<table>
<tr><th colspan="3">주류 제조면허의 유형</th></tr>
<tr><td colspan="2">일반주류</td><td>• 아래의 전통주 및 소규모주류 이외의 주류</td></tr>
<tr><td rowspan="2">전통주</td><td>민속주</td><td>• 주류부문의 국가 및 시·도 무형문화재 보유자가 제조하는 주류
• 주류부문의 대한민국식품명인이 제조하는 주류</td></tr>
<tr><td>지역 특산주</td><td>• 농·어업경영체 및 생산자단체가 직접 생산하거나 주류제조장 소재지 관할 특별자치시·특별자치도·시·군·구(자치구를 말한다. 이하 같다) 및 그 인접 특별자치시·시·군·구에서 생산한 농산물을 주원료로 하여 제조하는 주류로서 특별시장·광역시장·특별자치시장·도지사·특별자치도지사의 제조면허 추천을 받아 제조하는 주류</td></tr>
<tr><td colspan="2">소규모주류</td><td>• 제한된 용량의 제조용기 갖춘 후 아래 방법으로 판매할 수 있는 탁주, 약주, 청주, 맥주 및 과실(과실즙은 제외)을 이용한 과실주
– 병입한 주류를 제조장에서 최종소비자에게 판매하는 방법
– 영업장(직접 운영하는 타 영업장 포함) 안에서 마시는 고객에게 판매하는 방법
– 해당 제조자 외에 「식품위생법」에 따른 식품접객업 영업허가를 받거나 영업신고를 한 자의 영업장에 판매하는 방법(종합주류도매업자 또는 특정주류도매업자를 통하여 판매하는 것 포함)
– 주류소매업의 면허를 받은 자, 백화점, 슈퍼마켓, 편의점 또는 이와 유사한 상점에서 주류를 소매하는 자 등에게 판매하는 방법(종합 주류 도매업자, 특정주류도매업자 및 주류중개업자를 통하여 판매하는 것을 포함)</td></tr>
</table>

주류 제조면허 취득 절차

단계	내용
전통주 제조면허 추천서 취득 (전통주제조자에 한함)	지자체로부터 전통주 추천서 취득 (추천서 유효기간 : 6개월) 추천서에는 주류의 종류 및 추천원료가 명확히 기입되어 있어야 함
주류 제조면허 신청	관할 세무서에 주류 제조면허신청서 및 구비 서류 제출 (신청서 처리기간 : 40일)
시설조건부 면허 취득	1년 이내 착수, 3년 이내 완공조건의 시설조건부 면허 (소규모주류는 6개월 이내 착수, 1년 이내 완공조건)
공사 착수 및 완공 신고	제조시설 공사 착수 시 관할 세무서에 신고 제조시설 공사 완료 후 관할 세무서에 제조설비 신고서와 용기검정 신청서 제출
시설점검 및 용기검정	관할 세무서에서 제조장을 현장 방문하여 시설기준에 적합여부 확인 및 용기검정 실시
제조면허 취득	관할 세무서에서 제조면허증 발급 (사업범위 및 준수조건 등의 부관 지정사항 확인) ※ 도시철도채권(45만 원) 또는 국민주택채권(30만 원) 구입

주류 제조면허 신청 시 구비서류

구비서류
▶ 주류 제조면허 신청서(정부 전자수입인지 50,000원 첨부) [주류 면허 등에 관한 법률 시행규칙 별지 제3호 서식] ▶ 사업계획서 ▶ 제조장 대지의 상황 및 건물의 구조를 표시하는 도면 ▶ 제조·저장 또는 판매에 사용하는 기계·기구 및 용기의 목록 ▶ 제조시설·설비 등 설명서 및 용량표 ▶ 제조공정도 및 제조방법 설명서(해당 주류 종류의 주류제조방법신청서 첨부) ▶ 임대차계약서 사본(제조장을 임차하는 경우) ▶ 정관, 주주총회 또는 이사회 회의록, 주주 및 임원 명부(법인인 경우) ▶ 동업계약서 사본(공동사업인 경우) ▶ 시·도지사의 주류제조면허 추천서 사본(전통주를 제조하는 경우) ▶ 「식품위생법」에 따른 영업허가증 또는 신고증 사본(관련 업종에 해당할 경우) ▶ 「축제 또는 경연대회임을 확인할 수 있는 서류(축제 또는 경연대회에 사용하기 위하여 주류를 제조하려는 경우)

면허의 제한
▶ 면허가 취소된 후 2년이 지나지 아니한 경우 ▶ 국세 또는 지방세를 체납한 경우 ▶ 국세 또는 지방세를 50만 원 이상 포탈하여 처벌 또는 처분을 받은 후 5년이 지나지 아니한 경우(대리인, 임원, 지배인 포함) ▶ 「조세범 처벌법」에 따라 처벌을 받은 후 5년이 지나지 아니한 경우(대리인, 임원, 지배인 포함) ▶ 주류제조 관련 법령에 관하여 금고 이상의 실형으로 집행이 끝나거나 집행이 면제된 날부터 5년이 지나지 아니한 경우(대리인, 임원, 지배인 포함) ▶ 금고 이상의 형으로 집행 유예기간 중에 있는 경우(대리인, 임원, 지배인 포함) ▶ 면허 신청인이 파산선고를 받고 복권되지 아니한 경우

■ 주류 제조면허에 대한 질문?

▶ 탁주면허를 일반주류와 전통주로 동시에 받을 수 있는지?

주류 제조면허는 주류의 종류에 따라 구분하고 있으며 제조장의 유형에 따라 대통령령으로 시설기준을 정하여 일반주류, 전통주, 소규모주류로 분류하여 세율, 유통방법 등을 달리하고 있음

▶ 음식점에서 술을 만들어 무상으로 제공해도 되는지?

가정에서 가족이 직접 소비하는 것을 제외하고 개인이 제조하여 불특정 다수인에게 주류를 공급하는 것은 영리목적의 유무상을 막론하고 제조면허를 받아야 함

▶ 주류의 제조면허 중 시험제조면허란?

시험 또는 시음행사를 하거나 기획재정부령으로 정하는 축제 또는 경연대회에 사용하기 위하여 주류를 제조하고자 하는 자가 신청할 수 있는 면허로 면허요건 중 주류제조시설을 갖추지 못한 경우에도 제조기간과 제조수량을 지정하여 면허할 수 있음

▶ 칵테일을 제조하여 음식점에서 판매하기 위해 주류 제조면허가 필요한지?

접객업의 영업장소 내에서 고객의 요구에 따라 주류에 물료를 섞는 행위는 주류의 가공 또는 조작으로 보지 아니함

▶ 해외에서 주류원액을 구입하여 소분 후 재포장하여 판매하는 경우도 주류 제조면허를 취득해야 하는지?

주류를 용기에 넣는 행위는 주류 제조로, 그 행위 장소는 주류제조장으로 보고 있으므로, 소분 후 재포장은 주류의 종류를 확인한 후 해당 주류 제조면허를 받아야 함

▶ 개인명의로 지역특산주 제조면허를 받았는데 법인을 설립하여 일반면허로 전환하고자 하는 경우 어떻게 해야 하는지?

개인인 주류 제조면허의 취소신청서와 동시에 법인이 동일 제조장 소재지에 동일 주종의 제조면허신청서를 제출하여 보충면허를 신청할 수 있음

4 주류제조장 시설기준

제조장 공통사항

■ 위생시설과 구분

- 화장실, 합숙소, 식당, 폐기물 처리장 등 위생에 영향을 미칠 수 있는 시설과 분리
- 소규모주류제조자는 주류를 제조하는 작업장과 판매장소를 명확하게 분리

■ 담금실 및 제조용기의 구분

- 한 개의 제조장에서 여러 종류의 주류를 제조하는 경우 주류별로 구분하여 운용
- 단, 세척전문시설(CIP 또는 이상의 성능)을 갖춘 경우 공통이용이 가능

■ 주류 외 식품제조

- 주류 제조시설을 식품제조를 위해 사용하려는 경우 관할 세무서장의 승인을 받아야 함

■ 제조방법상 반드시 필요한 경우 제조시설 구비

- 증류시설, 입국실(또는 입국기), 살균시설, 여과시설 등

■ 주류용기의 검정 및 표기

- 주류의 제조, 저장, 이동, 운반에 사용되는 용기는 관할 세무서로부터 검정을 받아야 하며, 배부한 용기검정부를 제조장에 비치하고 용기마다 아래와 같이 페인트로 명확하게 표시해야 함

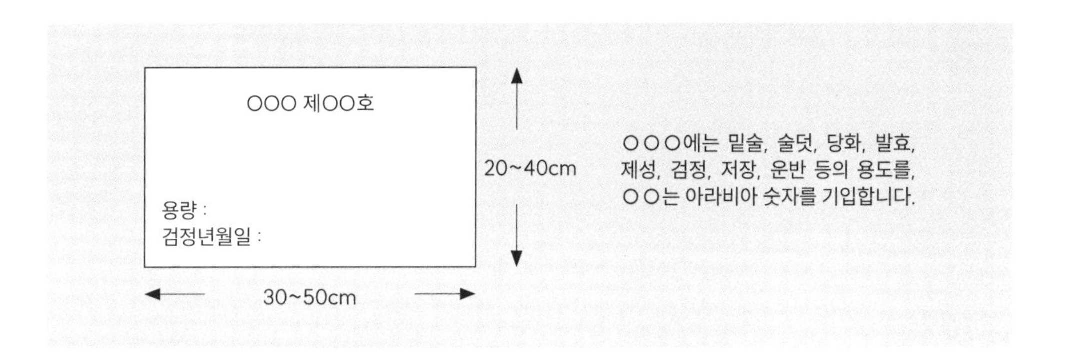

맥주의 시설기준

맥주 제조의 시설기준이며 소규모주류제조자의 시설기준을 준수하면 된다.

일반적 시설기준	지역특산주 시설기준
▶ 담금·저장·제성용기 • 용기 총용량 (1) 전발효조 : 25kℓ 이상 (2) 후발효조(저장조) : 50kℓ 이상 ▶ 시험시설 • 현미경 500배 이상 1대 • 항온항습기 0~65℃ 1대 • 가스압측정기 1대 • 간이증류기 1대	해당없음
소규모주류제조자 시설기준	
▶ 담금·저장·제성용기 • 당화·여과·자비조 등의 총용량 : 0.5kℓ 이상 • 담금 및 저장조 : 5kℓ 이상 120kℓ 미만 ▶ 시험시설 • 간이증류기 1대 • 주정계(0.2도 눈금, 0~30도) 1조	

시설기준 충족을 위한 주의사항

■ 주류 제조용기

- 일반적 시설을 따르는 주류의 경우 담금 · 저장 · 제성용기는 제조방법상 필요한 경우에 설치
- 합성수지(PE)를 사용하고자 하는 경우 식약처 지정 시험검사기관의 시험(납, 카드뮴, 수은, 6가크롬, 20~50% 에탄올 용출시험 등) 분석에서 사용 적격 판정 받은 것을 사용

■ 시험시설

구분	설명
간이증류기	알코올분을 측정하기 위해 시료를 증류하는 간이 실험장치
주정계	주류의 알코올 함량을 측정하는 부칭식 측정기구(규격 : 0.2도 눈금)
온도계	주류의 온도를 측정하는 접촉식 측정기구(규격 : 0.2도 눈금)
항온항습기	온도 및 습도의 제어가 가능한 미생물 배양장치(0~65℃)

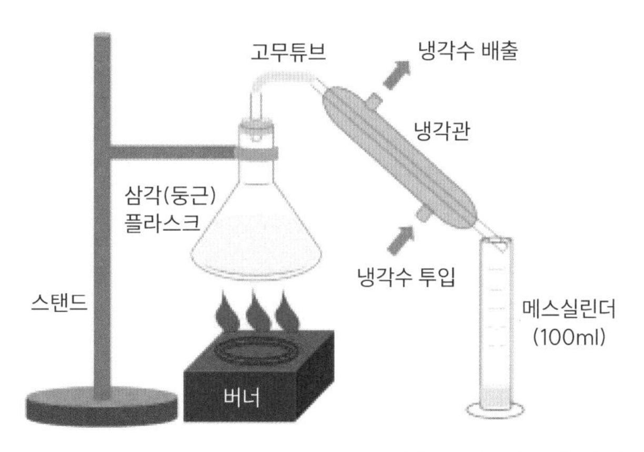

출처: 국세청주류면허지원센터

■ 주류제조장 시설에 대한 질문?

▶ 조주정을 구입하여 정제주정을 제조하는 경우에도 제조장 시설기준인 발효시설(발효조, 술덧탑)을 갖추어야 하는지?

주정 제조장의 시설은 합성주정만을 제조하는 경우를 제외하고는 제조방법에 관계없이 법령에서 정한 시설기준을 모두 충족하여야 함

▶ 지역특산주로 과실주, 일반증류주 제조면허를 취득하려 할 경우, 원료처리실의 면적 기준은 어떻게 되는지?

가시설기준에 따라 과실주는 원료처리실 6㎡ 이상, 담금실(밑술, 제성, 저장실 포함) 20㎡이며, 일반증류주는 담금실(원료처리, 침출, 발효, 저장, 제성실 포함) 25㎡ 이상으로 주류별로 각각의 공간을 확보하여야 함

▶ 해외에서 위스키 원액을 구입하여 병입 후 판매하는 경우도 위스키 제조시설 기준에 따른 모든 시설을 갖추어야 하는지?

주류를 병입하는 행위는 주류 제조에 해당되므로 위스키의 일반적 시설기준을 갖추어야 함
다만, 제조방법상 필요하지 않은 주류용기의 경우 구비 요건에서 제외됨

▶ 제조장이 아닌 장소에서 병입 또는 숙성시켜 판매할 수 있는지?

제조면허를 받은 자라 하더라도 면허받은 제조장을 벗어나 제조행위를 하였을 경우 무면허 제조행위로 볼 수 있음

▶ 한 개의 제조장에서 여러 종류의 주류를 제조하는 경우 제조 용기를 공통으로 사용할 수 있는지?

세척전문시설(CIP 또는 이상의 성능)을 갖춘 경우 세무서장의 승인 후 공통이용이 가능함
다만, 각 주종별 면허의 시설기준은 갖추어야 함

▶ **제조방법이 동일한 술덧을 한 용기에 제조한 경우 탁주제품과 소주용 술덧으로 사용이 가능한지?**

술덧은 주류의 종류별로 제조하여야 하므로 탁주용 술덧은 탁주 용기에, 소주용 술덧은 소주 용기에서 제조하여야 함

제조관리

제조방법 신청

■ 주류 제조방법의 신청 및 승인

- 주류에 대한 제조방법 변경(신규 포함) 또는 추가하고자 하는 때에는 예정일 15일 전에 관할 세무서장에게 제조방법 신청서를 제출하고 적합승인을 받은 후 주류를 제조하여야 함

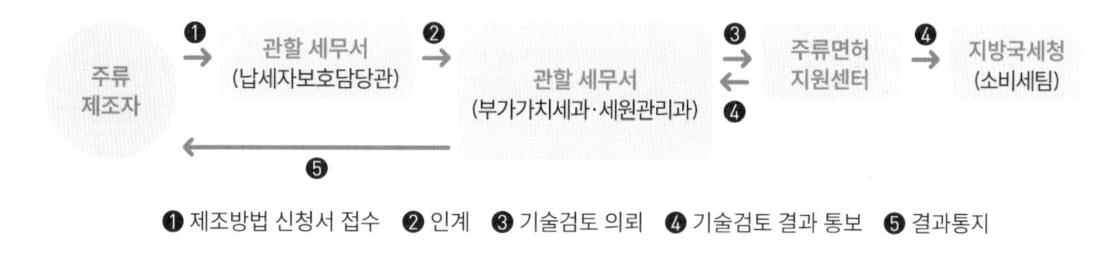

■ 제조방법 신청서 작성 시 유의사항

- 각 주류 제품의 원료 · 첨가재료의 종류 및 사용량은 「주세법」에 의한 규격 및 식품공전에 규정한 기준 · 규격에 적합하게 신청하여야 함
- 식약처에 품목제조보고 시 제조방법신청서와 동일한 내용으로 신고하여야 함
- 지역특산주 신규 신청 시 추천원료를 확인할 수 있는 관련 서류*를 함께 제출해야 함
- 「전통주산업법」에 따른 주류제조면허 추천서 및 원료조달계획이 포함된 사업계획서, 주류별 제조방법신청서 세부 작성요령은 주류면허지원센터 누리집 참고

※ http://i.nts.go.kr → 업무안내 → 주류제조방법 → 각 주류의 종류별 작성요령

분석감정 의뢰

■ 출고 전 주질 감정

주류제조방법(신규 · 추가 · 변경) 승인 이후 최초로 생산한 주류에 대해 관할 세무서에 출고 전 주질 감정을 신청하여 적합판정을 받은 후 출고하여야 함

주질 감정 업무처리 절차

구분	설명
채취신청	▶ 주류제조자 : 주류제조 후 채취 신청
채취(세무서)	▶ 분석시료 채취 - 병입·포장 단위로 3~6병 채취 (500mℓ 이상 3병, 500mℓ 미만 200mℓ 이상 4병, 200mℓ 미만 6병 채취) - 병입되지 않은 주류는 500mℓ 기준 3병 채취
	▶ 채취표 날인·첩부 - 채취표 1부, 채취조서 2부 작성, 채취자·참여자 날인 - 채취표는 채취물품에 첩부, 병마개 봉인 ▶ 포장 등 운송준비 완료, 분석감정 의뢰
발송 (세무서)	▶ 택배 배송 - 주류배송 시 파손되지 않도록 스티로폼박스 등으로 포장하여 배송 - 비살균주류의 경우 냉장포장박스 또는 스티로폼박스 등에 냉장포장 - 배송소요시간 감안(주류면허지원센터 제주도 소재)
주질감정 (주류면허지원센터)	▶ 분석시료 주류면허지원센터 도착 ▶ 접수순서별 주질 감정, 분석 ▶ 감정결과를 세무서로 통보
통보	▶ 세무서에서 주류제조장에 서면으로 결과 통보

■ 「식품위생법」에 따른 자가품질검사

주류제조자의 자가품질검사 의뢰 시 「식품 · 의약품분야 시험 · 검사 등에 관한 법률」에 따라 시험 · 검사 성적서 발급

- 자가품질검사 의뢰절차 및 관련서식 등은 주류면허지원센터 누리집(http://i.nts.go.kr/) 업무안내 → 분석감정 민원의뢰 → 자가품질검사성적서 발급절차 및 양식 게시물 참조

신청구분	채취자	분석의뢰 접수	구비서류
자가품질검사용	주류 제조면허자	주류 제조면허자	분석·감정의뢰서

■ 주종별 자가품질검사 항목 및 수수료

주종	검사항목	항목별 수수료
주정	알데히드, 메탄올, 염화물	▶ 메탄올 23,400원 ▶ 알데히드 23,400원 - 메탄올, 알데히드 동시분석 28,400원 ▶ 보존료 43,000원 ▶ 납(포도주) 76,700원 ▶ 염화물 8,600원 ※ 제조 과정 중 사용하지 않은 첨가물(보존료 등)은 검사 생략
탁주, 약주	메탄올, 보존료	
청주, 맥주	메탄올	
과실주	메탄올, 보존료, 납(포도주에 한함)	
소주, 위스키, 브랜디, 일반증류주	메탄올, 알데히드	
리큐르	메탄올	
기타주류	메탄올	

■ 주류제조장 시설에 대한 질문?

▶ 주류제조자가 위탁할 수 있는 범위는?

주류제조면허를 받은 자가 동일 주류의 제조면허를 받은 자에게만 주류 제조를 위탁할 수 있으며, 다른 종류의 주류제조면허를 받은 자에게 위탁하여 주류의 제조 또는 반출하는 것은 주류 제조 정지 처분에 해당함

▶ 탁·약주, 맥주를 제조할 경우 과실즙, 과즙농축액, 건조과일을 사용하는 것이 가능한지?

과실즙, 과즙농축액, 건조과일을 사용할 경우 가공 전(착즙, 농축, 건조하기 전) 과실의 중량이 확인되어야 함(품목제조보고서, 수입신고 필증 등 원료함량 첨부)

▶ 주류제조면허 취득예정인데, 주류 제조와 관련하여 주류면허센터의 지원 프로그램에는 무엇이 있는지?

주류면허지원센터는 주류제조자의 능력을 제고시키기 위하여 매년 정기적으로 3~5회 주류제조아카데미를 운영하여 양조학 기초이론과 제조기술, 주질관리 방법, 주류분석 등을 교육하고 있음

또한, 수시로 현장기술컨설팅을 통해 면허취득자가 요청할 경우 제조관리, 알코올분 분석방법, 제조방법 작성 요령 등을 현장에서 지원하고 있음

※ 위와 관련하여 자세한 사항은 주류면허지원센터 누리집 참조

▶ **주류를 제조할 경우 마트에서 판매하는 담금주를 사용해도 되는지?**

마트에서 판매하는 담금주는 최종소비자를 위한 가정용 주류로서 원료용 주류로 사용할 수 없으며, 관련 행정절차를 거쳐 담금주 제조자로부터 구매하여야 함

▶ **제조방법 신청과 출고 전 주질감정을 함께 의뢰할 수 있는지?**

주류 제조방법 의뢰 및 주질감정에 대해 동시 진행이 가능하나, 신규면허 신청일 경우에는 해당하지 아니함

▶ **쌀과 밀을 주원료로 추천받은 탁주(지역특산주)에 입국, 팽화미의 사용이 가능한지?**

직접 가공하거나 위탁업체에 쌀, 밀 등 원료를 제공하고 이를 가공시키는 경우 사용이 가능하나, 시중에 판매되는 입국, 팽화미는 지역을 특정할 수 없으므로 사용이 불가함

판매관리

상표 신고

■ 세무서[국세청 고시 제2017-12호]

- 주류제조자가 상표를 사용하거나 변경하려는 때에는 사용개시 2일 전(최초로 사용하는 상표 또는 주요 도안의 변경 시에는 10일 전)까지 제조장 관할 세무서장에게 신고하여야 함
- 판매하기 전 관할 세무서에 해당 주류의 출고가격 및 상표에 대하여 사용 개시 2일 전까지 신고하여야 함

■ 식약처[식품위생법 시행규칙 제45조]

- 제조하려는 주류 각각에 대하여 「식품위생법 시행규칙」 별지 제43호 서식에 따라 작성한 품목제조보고서를 제품생산 시작 전이나 시작 후 7일 이내에 작성 및 제출

소규모주류의 유통

■ 소규모주류는 제조장에서 소비자에게 직접 판매하거나 외부유통 판매 가능

- 병입한 주류를 제조장에서 최종소비자에게 직접 판매(용도 구분 표시 생략 가능)
- 영업장(해당 제조자가 직접 운영하는 타 영업장 포함) 안에서 마시는 고객에게 판매
- 식당, 단란주점 등 식품접객업 영업허가(신고)를 받은 자의 영업장에 판매(종합주류도매업자, 특정주류도매업자를 통한 판매 포함) – 주류소매업의 면허를 받은 자, 백화점 · 슈퍼마켓 · 편의점 또는 이와 유사한 상점에서 주류를 소매하는 자에게 판매

• 카지노사업장 또는 항공기, 선박에서 무상으로 주류를 제공하는 자에게 판매하는 방법

■ **소규모주류 외부유통시, 제조자는 용기주입시설, 세척시설, 냉장보관시설 등을 갖추고 납세증명표지(청주, 맥주, 과실주)와 식품 등의 표시기준(식약처 고시)에 따른 상표 등을 부착하여야 판매 가능**

• 소규모주류 유통흐름은 아래와 같으며 유통되는 주류는 병입한 주류에 한함

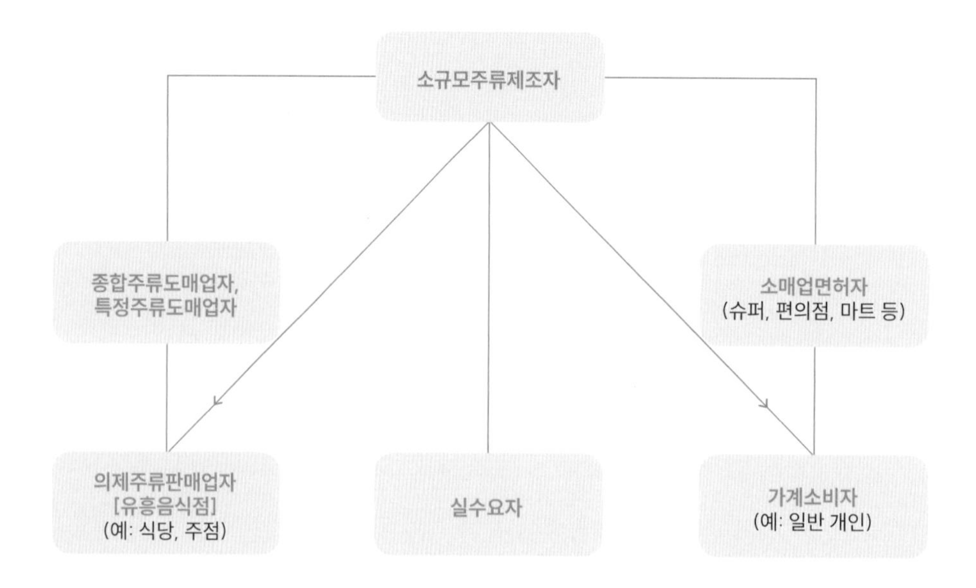

소규모 탁·약주 판매용기

■ **탁·약주의 판매용기는 2리터 이하의 것을 사용**

• 수출주류와 납세증명표지를 사용할 경우 예외

• 유리병 및 금속제 용기를 제외한 용기는 재사용 금지

* 길 · 흉사 및 농어민 등 실수요자용으로 제작한 10리터 이상의 플라스틱 탁주, 약주 용기는 재사용이 가능

소규모주류 출고가격 신고

- 주류의 제조장 출고가격을 변경(신규 포함)하는 자는 변경일로부터 2일 이내에 출고가격 신고서를 제출

■ 출고가격의 계산

- 출고가격 = 과세표준(제조원가 + 이윤) + 주세 + 교육세 + 부가가치세

구분	탁주	약주	청주	맥주
주세율	5%	30%	30%	72%
교육세율	-	-	10%	30%
부가가치세율	10%			

■ 출고가격의 계산 예시

- 탁주의 제조원가 950원에 이윤 50원을 붙였을 경우 출고가는?

① **과세표준** = (제조원가 950 + 이윤 50) × 80% = 800원

② **주세** = 800 × 주세율 5% = 40원

③ **교육세** = 교육세면제 = 0원

④ **부가가치세** = (과세표준 800 + 주세 40 + 교육세 0) × 부가가치세율 10% = 84원

⑤ **출고가** = ① + ② + ③ + ④ = 924원

■ 소규모주류의 출고가격

- 맥주의 경우

통상의 제조수량에 따라 계산되는 제조원가에 통상이윤상당액(제조원가의 10%)을 가산한 해당 주조연도의 과세대상인 맥주의 출고수량을 기준으로 하여 다음의 구분에 따른 비율을 곱한 금액으로 함

① 먼저 출고된 200kℓ 이하 : 100분의 40

② ①의 수량 이후 출고된 200~500kℓ 이하의 수량 : 100분의 60

③ ②의 수량 이후 출고된 500kℓ 초과 수량 : 100분의 80

④ 쌀함량 20% 이상인 맥주 : 출고수량 전체의 100분의 30

* 제조원가 = 원료비 + 부원료비 + 노무비 + 경비 + 일반관리비(판매비 포함) 중 당해 주류에 배부되어야 할 부분으로 구성되는 총금액

신청서 작성하기

■ 맥주 제조방법 승인신청 시 준수사항

일반사항	① 발아된 맥류, 홉, 물을 원료로 하여 발효시켜 제성하거나 여과하여 제성한 것 ② 녹말이 포함된 재료, 당분, 캐러멜 등 추가 가능 ③ 과실(과실즙과 건조시킨 과실 포함) 첨가 가능, 주정 혼합 가능 ④ 나무통에 저장 가능 ⑤ 허용 첨가재료 ▶ 당분, 산분, 조미료, 향료, 색소, 식물 ▶ 아스파탐, 스테비올배당체, 솔비톨, 수크랄로스, 아세설팜칼륨, 에리스리톨, 자일리톨, 효소처리스테비아, 우유, 분유, 유크림, 아스코르빈산, 「식품위생법」에 따라 허용되는 식품첨가물 중 유화제, 증점제, 안정제 등 성상의 변화 없이 품질을 균일하게 유지시키는 것
제한사항	① 발아된 맥류 사용량은 발아된 맥류, 녹말이 포함된 재료, 당분 또는 캐러멜 등의 합계 중량 기준 10% 이상 사용 ② 과실(과즙)의 중량은 발아된 맥류, 녹말이 포함된 재료의 합계 중량 기준 20% 이하 사용 ③ 주류(주정, 주정을 물로 희석한 것 포함)를 첨가할 경우 해당주류의 알코올분은 25도 미만 ④ 맥주 성분규격 ▶ 에탄올 : 표시도수의 ±0.5도 이하 ▶ 메탄올(mg/mℓ) : 0.5 이하 ▶ 수크랄로스(g/kg) : 0.58 이하 ▶ 아세설팜칼륨(g/kg) : 0.35 이하

신청서 양식

아래에 신청서 양식을 첨부한다. 작성 요령을 자세히 설명하였으니 작성해보도록 하자.

[주세사무처리규정 제6호 서식]

홈택스(www.hometax.go.kr)에서도 신청할 수 있습니다.

[ ] 일반 면허
[ ] 소규모주류면허

맥주 제조방법 승인신청서

근 거 : 주류면허 등에 관한 법률 시행령 제37조 제1항

신청인	①제 조 장 명 칭		②전 화 번 호	
	③대 표 자 성 명		④사 업 자 등 록 번 호	
	⑤제 조 장 소 재 지			

신 청 내 용

⑥생산구분	□ 자가 □ 위탁				
⑦신청구분	□ 면허신청 □ 추가 □ 변경	⑧제조방법기호		⑨변경시(종전 기호)	
⑩상표명		⑪알코올분(%)			

1. 원료의 성분 규격 등

맥아의 성분 규격			전분질 부원료의 전분가(%)/추출물(%)				⑲원맥즙 농도(°P) /비중	⑳최종 제품농도(°P)/ 비중
⑫당화력 (°W,K)	⑬전분가 (%)	⑭추출 물(%)	⑮백미	⑯전분	⑰옥분	⑱기타		
			/	/	/	/	/	/

2. 주류 1 담금 제조방법(원료명 : 맥아, 홉, 쌀, 소맥분, 보리쌀, 옥분 등)

㉑원료 사용량(kg)				㉒급수량 (ℓ)	㉓후수량 (ℓ)	㉔담금지게미 및 증발량 (ℓ)	㉕열맥즙량 (ℓ)	㉖홉지게미 및 결감량 (ℓ)	㉗냉각맥즙량 (ℓ)
(맥아)	(설탕)	( )	(홉)						

㉘효모 첨가량 (ℓ)	㉙이송 결감량 (ℓ)	㉚전발효 술덧양 (ℓ)	㉛효모 회수량 (ℓ)	㉜이송 결감량(ℓ)	㉝후발효 술덧양(ℓ)	㉞첨가재료와 후수합계량(ℓ)	㉟제성 결감량(ℓ)	㊱제품 예정수량(ℓ)

3. 첨가재료 사용량(첨가재료의 종류는 식물, 과실, 당분, 산분, 조미료, 향료, 색소 등으로 구분 기재하고 품명, 사용량, 비중 및 순도 등을 기재)

㊲종류	㊳품명	㊴사용량 (kg,g, ℓ,㎖)	㊵비중	㊶순도	㊲종류	㊳품명	㊴사용량 (kg,g, ℓ,㎖)	㊵비중	㊶순도

4. 각종 비율

㊷맥아 사용비율(%)	㊸급수비율(%)	㊹담금수율(%)	㊺발효비율(%)	㊻대원료 제성비율(%)

「주류면허 등에 관한 법률 시행령」제37조 제1항에 따라 승인 신청합니다.

년 월 일

신 청 인 (서명 또는 인)

세 무 서 장 귀하

첨부서류 : 1. 제조공정도 및 설명서 1부, 제조방법신청 사유서 1부
2. 위탁계약서 사본 1부(위탁생산 신청자에 한함)

맥주 제조방법 승인신청서 작성요령

■ 신청인 기본사항

<table>
<tr><td colspan="3">[ ] 일반 면허
[ ] 소규모주류면허</td><td colspan="4">맥주 제조방법 승인신청서</td></tr>
<tr><td colspan="7">근 거 : 주류면허 등에 관한 법률 시행령 제37조 제1항</td></tr>
<tr><td rowspan="3">신
청
인</td><td>①제 조 장 명 칭</td><td></td><td>②전 화 번 호</td><td colspan="3">( ) -</td></tr>
<tr><td>③대 표 자 성 명</td><td></td><td>④사 업 자 등 록 번 호</td><td colspan="3"></td></tr>
<tr><td>⑤제 조 장 소 재 지</td><td colspan="5"></td></tr>
<tr><td colspan="7">신 청 내 용</td></tr>
<tr><td colspan="2">⑥생산구분</td><td colspan="5">☐ 자가 ☐ 위탁</td></tr>
<tr><td colspan="2">⑦신청구분</td><td>☐ 면허신청 ☐ 추가 ☐ 변경</td><td>⑧제조방법기호</td><td></td><td>⑨변경시(종전 기호)</td><td></td></tr>
<tr><td colspan="2">⑩상표명</td><td></td><td>⑪알코올분(%)</td><td colspan="3"></td></tr>
</table>

■ 주류제조면허의 유형별 체크

[ ] 일반 면허 (일반 제조면허를 받았거나 받으려는 경우)
[ ] 소규모주류 면허 (소규모주류 제조면허를 받았거나 받으려는 경우)

① 제조장 명칭 기재

② 연락 가능한 전화번호(유선전화, 휴대폰) 기재

③ 면허자의 성명 기재

④ 사업자등록번호 기재

⑤ 제조장 소재지 주소 기재

⑥ 자가(직접 제조하는 경우 체크), 위탁(주류 제조를 위탁하는 경우 체크)

⑦⑧⑨ 신청구분 및 제조방법기호 정하는 방법

A. 면허를 취득하기 위하여 작성하는 경우

⑦ □면허신청에 체크하고, ⑧ 제조방법기호를 기재.(예 : "가")

B. 기존 제조방법 외 추가하는 경우 (신제품 또는 추가제품)

⑦ □추가에 체크하고, ⑧ 제조방법기호를 기재.(예 : "나")

(새로 신청할 제조방법기호는 순차적으로 기재해야 한다.(가,나,다 혹은 A,B,C 등)

C. 기존 제조방법을 변경하는 경우

⑦ □변경에 체크하고, 변경된 기호를 ⑧ 제조방법기호에 기재하고, 종전기호를 ⑨에 기재

(예 : '⑧다, ⑨나'로 작성한 경우 기존 "나" 제조방법을 "다" 제조방법으로 변경)

⑩⑪ 제조할 주류의 상표명 및 알코올분(알코올분 v/v%)

원료의 성분 규격

1. 원료의 성분 규격 등								
맥아의 성분 규격			전분질 부원료의 전분가(%)/추출물(%)				⑲원맥즙 농도(°P) /비중	⑳최종 제품 농도(°P) /비중
⑫당화력 (°W.K)	⑬전분가 (%)	⑭추출물 (%)	⑮백미	⑯전분	⑰옥분	⑱기타		
			/	/	/	/	/	/

- 맥아의 당화력은 통상 300 내외
- 전분가 및 추출물은 맥아, 녹말이 포함된 재료, 당분을 구분하여 각각 기재
- 여러 종류의 맥아(베이스맥아, 스페셜맥아)를 사용할 경우 평균값을 구하여 기재
- 추출물(엑기스)의 경우 구입 시 성적서를 받아 참고하여 기재

⑫ 당화력(W.K) : 사용하는 맥아의 평균 효소역가(Diastatic Power)

⑬ 전분가(w/w%) : 원료 중에 함유되어 있는 순 전분함량(Starch Value)

⑭ 추출물(w/w%) : 원료 중에 함유되어 있는 유효성분(가용성 고형분의 총량), (Extract)

⑮~⑱ 부원료 전분가 : 전분질 부원료의 전분가와 추출물 함량을 기재

⑲⑳ 원맥즙(냉맥즙) 및 최종제품 농도(°P)/원맥즙 및 최종제품 비중 : 20℃ 기준 원맥즙 및 최종제품의 비중을 측정하고, 측정 비중값을 아래 식에 대입하여 농도를 계산 (예시: 13.1/1.053)

※ 비중으로부터 Plato 계산법

$$\text{Plato} = -460.234 + (662.649 * \text{비중}) - (202.414 * \text{비중}^2)$$

■ 주류 1 담금 제조방법

2. 주류 1 담금 제조방법(원료명 : 맥아, 홉, 쌀, 소맥분, 보리쌀, 옥분 등)									
㉑ 원료 사용량(kg)				㉒ 급수량 (ℓ)	㉓ 후수량 (ℓ)	㉔ 담금지게미 및 증발량 (ℓ)	㉕ 열맥즙량 (ℓ)	㉖ 홉지게미 및 결감량 (ℓ)	㉗ 냉각맥즙량 (ℓ)
(　)	(　)	(　)	(홉)						
㉘ 효모첨가량 (ℓ)	㉙ 이송결감량 (ℓ)	㉚ 전발효 술덧양(ℓ)	㉛ 효모회수량 (ℓ)	㉜ 이송결감량 (ℓ)	㉝ 후발효 술덧양(ℓ)	㉞ 첨가재료와 후수합계량 (ℓ)	㉟ 제성 결감량 (ℓ)	㊱ 제품예정수량(ℓ)	

- 원료사용량은 무게단위로 기재, 그 밖은 부피단위 기재
- 맥아, 쌀, 홉의 경우 중량을 바로 부피로 간주하고 계산
- 설탕이 물에 녹으면 부피는 중량대비 0.6 (설탕 10kg = 6ℓ)
- 발아된 맥류의 사용중량은 녹말이 포함된 재료, 당분 또는 캐러멜의 중량과 발아된 맥류의 합계중량을 기준으로 100분의 10 이상 사용

㉑ 원료 사용량 : 원료(맥아, 홉, 부원료, 식물 등) 사용량 기재

㉒ 급수량 : 발효에 사용되는 1차 급수량 기재

㉓ 후수량 : 당화 후 2차 급수량 기재(스파징, 당도 조절용)

㉔ 담금지게미 및 증발량 : 당화가 끝난 초기 맥즙에서 분리한 담금지게미 및 증발량

㉕ 열맥즙량 : 맥즙에 홉을 넣어 끓이면서 농축된 열맥즙량을 기재

(㉑원료사용량 + ㉒급수량 + ㉓후수량 – ㉔담금지게미 및 증발량)

㉖ 홉지게미 및 결감량 : 열맥즙 침전 시 생성된 홉지게미 및 결감량을 기재

㉗ 냉각맥즙량 : 열맥즙량 – 홉지게미 및 결감량

㉘ 효모첨가량 : 냉각된 맥즙을 발효시키기 위하여 첨가하는 효모량을 기재

㉙ 이송결감량 : 전발효조 이송 시 발생하는 결감량을 기재

㉚ 전발효술덧양 : ㉗냉각맥즙량 + ㉘효모첨가량 − ㉙이송결감량

㉛ 효모회수량 : 전발효조에서 발효가 끝난 미숙성 맥주에서 채취한 효모량을 기재

㉜ 이송결감량 : 후발효조 이송 시 발생하는 결감량을 기재

㉝ 후발효술덧양 : ㉚전발효술덧양 − ㉛효모회수량 − ㉜이송결감량

㉞ 첨가재료와 후수합계량 : 제성 과정에서 첨가하는 첨가재료와 제품은 알코올 규격을 맞추기 위해 필요한 급수량 합계를 기재

㉟ 제성결감량 : 제성 시 여과 등으로 인한 결감량을 기재
단, 제성결감량은 후발효술덧양을 기준으로 일반맥주는 1,000분의 35, 소규모 맥주는 1,000분의 70 이내여야 함

㊱ 제품예정수량 : ㉝후발효술덧양 + ㉞첨가재료와 후수량 − ㉟제성결감량

■ 첨가재료 사용량

3. 첨가재료 사용량(첨가재료의 종류는 식물, 과실, 당분, 산분, 조미료, 향료, 색소 등으로 구분 기재하고 품명, 사용량, 비중 및 순도 등을 기재)									
㊲종류	㊳품명	㊴사용량 (kg, g, ℓ, mℓ)	㊵비중	㊶순도	㊲종류	㊳품명	㊴사용량 (kg, g, ℓ, mℓ)	㊵비중	㊶순도

- 맥주 첨가재료는 주세법 시행령 [별표1] 2호 가목 "5)"에 규정된 것만 사용 가능
- 향료 및 색소 등을 구입하여 사용하는 경우 국산제품의 경우 품목제조보고서, 수입제품의 경우 수입신고 필증, 검사성적서, 제품의 원료내역서 등을 첨부하여 제출
- 첨가재료를 단계별 사용할 경우 신청서에는 총합계량을 기재하고, 제조공정설명서에 어느 단계에 들어가는지 사용량 정확히 기재(단계별 사용량 합계는 총합계량과 일치하여야 함.)

㊲㊳첨가재료 종류, 품명을 기재하고, ㊴사용량, ㊵비중, ㊶순도를 기재

■ 각종 비율

4. 각종 비율				
㊷ 맥아 사용비율(%)	㊸ 급수비율(%)	㊹ 담금수율(%)	㊺ 발효비율(%)	㊻ 대원료 제성비율(%)

- 원료사용량은 맥아, 전분질원료, 당분을 의미하며 홉, 식물 등의 사용량은 제외함
- 전분의 알코올계수(0.715), 당분의 알코올계수(0.6435), 설탕의 알코올계수(0.6774)

$$㊷\ \text{맥아사용비율}\ (\%) = \frac{\text{맥아사용량(kg)}}{\text{원료사용량(kg)}} \times 100$$

$$㊸\ \text{급수비율(\%)} = \frac{\text{급수량}(\ell)}{\text{원료사용량(kg)}} \times 100$$

$$㊹\ \text{담금수율(\%)} = \frac{\text{냉각맥즙량}(\ell) \times \text{원맥즙농도}(^{\circ}P) \times \text{원맥즙비중}}{\text{맥아사용량(kg)} \times \text{맥아추출물(\%)}} \times 100$$

$$㊺\ \text{발효비율(\%)} = \frac{\text{후발효술덧양}(\ell) \times \text{알코올 도수(\%)}}{\text{맥아사용량(kg)} \times \text{전문가} \times \text{알코올계수}(0.715)} \times 100$$

$$㊻\ \text{대원료 제성비율(\%)} = \frac{\text{제성예정수량}(\ell)}{\text{원료사용량(kg)}} \times 100$$

첨부서류 작성요령

1. 제조공정설명서

▶ 제조공정도

– 상표명 및 제조방법 기호

– 제조공정도 도표

▶ 제조공정설명

– 제조공정 순서에 따라 기재

– 2개 이상 유형의 공정이 있는 경우 또는 다른 공정을 거쳐 생산된 원료가 투입되는 경우 등 특이사항은 각각 작성

– 식물, 과실, 식품첨가물 등을 사용한 경우 공정단계에 반드시 표시하고, 식품첨가물의 경우 식품기준 관련문서(품목보고서, 수입신고필증 등) 첨부

– 과실을 과실즙이나 건조과실의 형태로 첨가할 경우 과실즙이나 건조과실제조에 투입된 원과의 중량을 알 수 있는 자료 제출

– 가열, 살균, 여과 공정이 있을 경우 추가 기재

– 추출공정이 있을 경우 추출용매, 원료사용량 등을 반드시 기재

– 기타 효소 등을 첨가할 경우 종류를 기재

2. 제조방법신청 사유서

– 설비의 개량, 공정개선 등으로 각종 비율이 변경된 경우 그 사유를 상세 기재

3. (위탁생산 신청자에 한함) 위탁계약서 사본

– 주류 면허 등에 관한 법률 제3조 제8항에 따라 주류 제조를 위탁한 경우 위탁계약서 사본을 첨부

술통

[주세사무처리규정 제6호 서식]

홈택스(www.hometax.go.kr)에서도 신청할 수 있습니다.

[ ] 일반 면허
[✔] 소규모주류면허

맥주 제조방법 승인신청서(예시)

근 거 : 주류면허 등에 관한 법률 시행령 제37조 제1항

신청인	항목	내용	항목	내용
	①제 조 장 명 칭	맥주나라	②전 화 번 호	(010)1234-5678
	③대 표 자 성 명	이맥주	④사 업 자 등 록 번 호	123-45-67890
	⑤제 조 장 소 재 지	대한특별시 민국구 국민로		

신 청 내 용

항목	내용	항목	내용	항목	내용
⑥생산구분	☑ 자가 □ 위탁				
⑦신청구분	☑ 면허신청 □ 추가 □ 변경	⑧제조방법기호	가	⑨변경시(종전 기호)	
⑩상표명	룰루랄라 맥주	⑪알코올분(%)	5.0%		

1. 원료의 성분 규격 등

맥아의 성분 규격			전분질 부원료의 전분가(%)/추출물(%)				⑲원맥즙 농도(°P)/비중	⑳최종 제품농도(°P)/비중
⑫당화력(°W,K)	⑬전분가(%)	⑭추출물(%)	⑮백미	⑯전분	⑰옥분	⑱기타		
300	62	76	/	/	/	/	10.0/1.040	2.30/1.009

2. 주류 1 담금 제조방법(원료명 : 맥아, 홉, 쌀, 소맥분, 보리쌀, 옥분 등)

㉑원료 사용량(kg)				㉒급수량(ℓ)	㉓후수량(ℓ)	㉔담금지게미 및 증발량(ℓ)	㉕열맥즙량(ℓ)	㉖홉지게미 및 결감량(ℓ)	㉗냉각 맥즙량(ℓ)
(맥아)	(설탕)	( )	(홉)						
50	8		2	244	200	82	420	20	400

㉘효모 첨가량(ℓ)	㉙이송 결감량(ℓ)	㉚전발효 술덧양(ℓ)	㉛효모 회수량(ℓ)	㉜이송 결감량(ℓ)	㉝후발효 술덧양(ℓ)	㉞첨가재료와 후수합계량(ℓ)	㉟제성 결감량(ℓ)	㊱제품 예정수량(ℓ)
2	10	397	4	10	378	-	18	360

3. 첨가재료 사용량(첨가재료의 종류는 식물, 과실, 당분, 산분, 조미료, 향료, 색소 등으로 구분 기재하고 품명, 사용량, 비중 및 순도 등을 기재)

㊲종류	㊳품명	㊴사용량(kg,g, ℓ,mℓ)	㊵비중	㊶순도	㊲종류	㊳품명	㊴사용량(kg,g, ℓ,mℓ)	㊵비중	㊶순도
과실	복숭아	5kg			식물	고수	0.2kg		

4. 각종 비율

㊷맥아 사용비율(%)	㊸급수비율(%)	㊹담금수율(%)	㊺발효비율(%)	㊻대원료 제성비율(%)
83.33	740	86.70	52.25	600

「주류면허 등에 관한 법률 시행령」제37조 제1항에 따라 승인 신청합니다.

년 월 일

신 청 인 (서명 또는 인)

세 무 서 장 귀 하

첨부서류 : 1. 제조공정도 및 설명서 1부, 제조방법신청 사유서 1부
2. 위탁계약서 사본 1부(위탁생산 신청자에 한함)

제8장

다양한 수제맥주 레시피

1. 짙은 색의 맥주가 더 독하다?

2. Craft Beer 레시피

짙은 색의 맥주가 더 독하다?

Craft Beer!

우리가 흔히 말하는 수제맥주를 뜻한다.

다양함을 추구하는 현대인들에게 기존의 라거맥주는 싱겁거나 밍밍하여 우리의 입맛을 자극하지 못한 것이 현실이다. 필자는 오랫동안 술 관련 연구를 해왔으나 국내에서는 이색적인 맛과 향의 맥주를 찾기가 쉽지 않았다.

라거맥주는 한국이 만든 세계적 칵테일인 "소맥"용이라고 필자는 말할 수 있다. 이제 Craft Beer가 무엇인지 알았으니 향후 다양한 스타일의 맥주를 만들어 개인의 취향에 맞게 즐겨보았으면 한다.

다양한 수제맥주의 레시피를 소개할까 하는데 먼저 일반적인 맥주의 구분법을 알아보도록 하자.

색깔과 알코올 도수(%)

색깔은 알코올 도수(%)와는 아무런 관련이 없다. 짙은 색의 맥주가 옅은 색의 맥주보다 알코올 도수가 높은 것은 아니다. 맥주의 색깔은 몰트의 사용 방식과 몰트를 건조하고 볶는 과정과 관련이 있다.

따라서 짙은 색의 맥주가 더 독하다고 할 수 없다.

노란 호박빛에서 한약 같은 검은색까지

맥주는 크게 두 가지 구분기준이 있다. 그것은 색과 발효 온도이다. 맥주의 색은 옅은 호박색이나 금빛부터 아주 짙은 검은색 및 갈색까지 다양하다.

■ **블론드 맥주**

일반적으로 가장 많이 소비되는 맥주로 금빛의 페일 몰트를 사용한다.

■ **엠버 맥주**

호박색의 아름다운 빛을 가진 것이 특징이며 볶은 몰트를 사용한다.

■ **브라운 맥주**

스타우트 스타일의 맥주를 말하며 아주 많이 볶은 몰트를 사용한다.

■ **화이트 맥주**

아주 맑은 색의 맥주이며 대부분 페일 몰트와 밀 몰트를 섞어서 만든다. 벨기에식 화이트맥주는 아주 옅은 노란색이며 독일식 화이트맥주는 노란색 크리스탈 바이젠이나 약한 갈색의 듄켈(둥켈)바이젠 등이 여기에 속한다.

세계적 칵테일 "소맥"은 라거에서

라거맥주는 앞에서 배운 바와 같이 하면발효 맥주라고 하며 라거맥주의 라거(Lager)는 "보관하다"라는 뜻을 가진 독일어 "Lagem"에서 유래되었다. 이것만 봐도 독일의 맥주 사랑을 알 수 있다.

라거는 일반적으로 홉의 향이 강하지 않고 색깔이 맑으며 맛은 드라이하고 시원한 청량감을 가지고 있다. 이러한 특성 때문에 라거맥주는 소맥이라고 하는 칵테일을 만들 때 사용하면 제격이다.

영국-에일(Ale) 탄생의 영광

에일은 상면발효 맥주이다. 중세 시대에 많이 만들어진 맥주로 대부분이 영국에서 만들어졌다. 맛이 아주 독특하고 다양하며 몰트의 맛이 강한 것이 특징이다. 페일 에일, IPA, 사워 에일, 비터 에일, 브라운 에일, 스타우트 등이 여기에 속한다.

■ 페일 에일

브라운 에일이나 스타우트보다 색이 더 밝고 연하다. 감미롭고 부드러운 맥주로 홉의 향이 주는 섬세하고 은은한 맛을 가진 것이 특징이다. 양조과정에서 홉을 많이 첨가했기 때문에 쓴맛이 강하고 향신료 향이 나기도 한다. 이러한 페일 에일은 영국인들이 인도를 식민지화하면서 장기간의 맥주 이동을 용이하게 하기 위하여 만들어지게 된다. 그래서 IPA라는 이름이 붙여지게 된다.

■ 비터

맥주의 이름에 "비터"라는 명칭을 사용하였으며 금빛이나 짙은 구릿빛으로 영국을 대표는 맑은 맥주라 할 수 있다.

■ 포터

런던에서 탄생하였으며 선박에 짐을 싣고 내리던 노동자들에서 유래되었다. 스타우트처럼 검은색에 가까운 아주 짙은 색을 띠고 몰트의 맛이 강한 무거운 느낌의 맥주이다.

■ 스타우트

스타우트는 포터 맥주의 한 종류이다. 검은색에 가까운 짙은 갈색으로 거품이 묵직하고 바디감이 강하고 크리미한 맥주이다. 대표적인 브랜드가 "기네스"맥주이다.

Craft Beer 레시피

기본에 충실하다. IPA

<table>
<tr><td rowspan="2">Name</td><td colspan="2" rowspan="2">IPA(India Pale Ale)</td><td>생산량</td><td>20L(물양 25L)</td></tr>
<tr><td>투입량(kg)</td><td>투입시간</td></tr>
<tr><td rowspan="3">Malt</td><td>Grain</td><td>페일 에일(Pale Ale)</td><td>3.0</td><td></td></tr>
<tr><td>Grain</td><td>필스너(Pilsner)</td><td>1.0</td><td></td></tr>
<tr><td>Grain</td><td>카라필스(Carapils)</td><td>1.0</td><td></td></tr>
<tr><td rowspan="4">Hop</td><td>아폴로(Apollo)</td><td>Bittering</td><td>28g</td><td>60min</td></tr>
<tr><td>캐스케이드(Cascade)</td><td>Flavor</td><td>28g</td><td>10min</td></tr>
<tr><td>심코(Simcoe)</td><td>Aroma</td><td>28g</td><td>5min</td></tr>
<tr><td>심코(Simcoe)</td><td>Aroma</td><td>28g</td><td>0min</td></tr>
<tr><td>Yeast</td><td colspan="2">Saf Ale US-05 Dry Ale Yeast</td><td>11.5g</td><td></td></tr>
</table>

<table>
<tr><td rowspan="2">예상
맥주
Style</td><td>OG</td><td>FG</td><td>IBU</td><td>Color(SRM)</td><td>ABV(%)</td></tr>
<tr><td>1.060</td><td>1.012</td><td>51</td><td>6</td><td>6.20</td></tr>
<tr><td>기타</td><td colspan="5">- 필스너(Pilsner)와 카라필스(Carapils)는 페일에일로 대체 가능
- 아폴로(Apollo)는 캐스케이드로 대체 가능</td></tr>
</table>

수제맥주의 꽃을 피우다. APA

Name	APA(American Pale Ale)			생산량	20L(물양 25L)
				투입량(kg)	투입시간
Malt	Grain	페일 에일(Pale Ale)		4.0	
	Grain	뮤니크(Munich)		0.5	
	Grain	카라필스(Carapils)		0.2	
	Grain	캐러멜(Caramel)		0.3	
Hop	매그넘(Magnum)	Bittering		28g	60min
	캐스케이드(Cascade)	Flavor		28g	10min
	심코(Simcoe)	Aroma		28g	5min
	심코(Simcoe)	Aroma		28g	0min
Yeast	Saf Ale US-05 Dry Ale Yeast			11.5g	
예상 맥주 Style	OG	FG	IBU	Color(SRM)	ABV(%)
	1.069	1.014	38	9	6.50
기타	- 뮤니크(Munich)와 카라필스(Carapils)는 페일 에일로 대체 가능 - 매그넘(Magnum)은 캐스케이드로 대체 가능				

심코앤모자익(Simcoe & Mosaic)

Name	심코앤모자익(Simcoe & Mosaic)		생산량	20L(물양 25L)
			투입량(kg)	투입시간
Malt	Grain	페일 에일(Pale Ale)	4.5	
	Grain	카라 뮤니크(Cara Munich)	0.3	
	Grain	카라필스(Carapils)	0.2	
Hop	Mosaic(모자익)	Bittering	28g	60min
	심코(Simcoe)	Flavor	28g	10min
	Mosaic(모자익)	Aroma	28g	5min
	심코(Simcoe)	Aroma	28g	0min
Yeast	Saf Ale US-05 Dry Ale Yeast		11.5g	

예상 맥주 Style	OG	FG	IBU	Color(SRM)	ABV(%)
	1.061	1.012	50	9	6.20
기타	- 카라 뮤니크(Cara Munich)와 카라필스(Carapils)는 페일 에일로 대체 가능				

흑맥주를 만들어볼까

Name	오트밀 스타우트(Oatmeal Stout)		생산량	20L(물양 25L)
			투입량(kg)	투입시간
Malt	Grain or LME	페일 에일(Pale Ale) or Wheat LME	3.0	
	Grain	플레이크 오트(Flaked Oats)	1.0	
	Grain	뮤니크(Munich)	0.5	
	Grain	초콜릿(Chocolate)몰트	0.5	
Hop	타깃(Target)	Bittering	28g	60min
	캐스케이드(Cascade)	Flavor	28g	10min
	이스트캔골딩 EKG (East Kent Goldings)	Aroma	28g	5min
Yeast	Saf Ale US-05 Dry Ale Yeast		11.5g	

예상 맥주 Style	OG	FG	IBU	Color(SRM)	ABV(%)
	1.069	1.014	38	9	6.50

기타	
	- 캐스케이드(Cascade)는 심코(Simcoe)나 Mosaic(모자익)으로 변경 가능 - LME(Liquid Malt Extract)는 액상(원액)을 말함 - LME(Liquid Malt Extract) 1통은 1.5kg의 용량임

달콤한 흑맥주를 만들어볼까

Name	스위트 스타우트(Sweet Stout)		생산량	20L(물양 25L)
			투입량(kg)	투입시간
Malt	Grain or LME	페일 에일(Pale Ale) or Dark LME	3.0	
	Grain	캐러멜 120L(Caramel 120L)	0.4	
	Grain	볶은 보리(Roasted Barley)	0.1	
	Grain	초콜릿(Chocolate)몰트	0.2	
첨가물	Milk Sugar(락토스)		300g	15min
Hop	Northern Brewer	Bittering	28g	60min
	테트낭(Tettnang)	Aroma	28g	15min
Yeast	Saf Ale US-05 Dry Ale Yeast		11.5g	

예상 맥주 Style	OG	FG	IBU	Color(SRM)	ABV(%)
	1.052	1.018	31	40	4.3

기타	
	- Milk Sugar(락토스) 대신 콘슈거 사용 가능 - 테트낭(Tettnang)은 독일 홉임 - LME(Liquid Malt Extract)는 액상(원액)을 말함 - LME(Liquid Malt Extract) 1통은 1.5kg의 용량임

커피 흑맥주는 커피맛이 날까

<table>
<tr><td rowspan="2">Name</td><td colspan="4" rowspan="2">커피 스타우트(Coffee Stout)</td><td>생산량</td><td>20L(물양 25L)</td></tr>
<tr><td>투입량(kg)</td><td>투입시간</td></tr>
<tr><td rowspan="5">Malt</td><td>LME</td><td colspan="3">Golden LME</td><td>3.0</td><td></td></tr>
<tr><td>Grain</td><td colspan="3">캐러멜 60L (Caramel 60L)</td><td>0.2</td><td></td></tr>
<tr><td>Grain</td><td colspan="3">페일 에일(Pale Ale)</td><td>0.7</td><td></td></tr>
<tr><td>Grain</td><td colspan="3">볶은 보리 (Roasted Barley)</td><td>0.2</td><td></td></tr>
<tr><td>Grain</td><td colspan="3">카라파(Carapa)</td><td>0.2</td><td></td></tr>
<tr><td rowspan="2">Hop</td><td colspan="2">Challenger</td><td colspan="2">Bittering</td><td>28g</td><td>60min</td></tr>
<tr><td colspan="2">이스트캔골딩 EKG
(East Kent Goldings)</td><td colspan="2">Aroma</td><td>28g</td><td>15min</td></tr>
<tr><td>Yeast</td><td colspan="4">Saf Ale US-05 Dry Ale Yeast</td><td>11.5g</td><td></td></tr>
<tr><td rowspan="2">예상
맥주
Style</td><td>OG</td><td>FG</td><td colspan="2">IBU</td><td>Color(SRM)</td><td>ABV(%)</td></tr>
<tr><td>1.055</td><td>1.013</td><td colspan="2">40</td><td>35</td><td>5.0</td></tr>
<tr><td>기타</td><td colspan="6">- Challenger는 영국 홉임
- 이스트캔골딩 EKG(East Kent Goldings)는 미국 홉임
- Golden LME는 커피맛 액상임
- LME(Liquid Malt Extract)는 액상(원액)을 말함
- LME(Liquid Malt Extract) 1통은 1.5kg의 용량임</td></tr>
</table>

영국 - Craft Beer의 본고장 맛을 느끼다

<table>
<tr><td rowspan="2">Name</td><td colspan="3" rowspan="2">구스 아이슬랜드 IPA(Goose Island IPA)</td><td>생산량</td><td>20L(물양 25L)</td></tr>
<tr><td>투입량(kg)</td><td>투입시간</td></tr>
<tr><td rowspan="5">Malt</td><td>Grain</td><td colspan="2">마리스 오터 페일(Maris Otter Pale)</td><td>4.0</td><td></td></tr>
<tr><td>Grain</td><td colspan="2">뮤니크(Munich)</td><td>0.2</td><td></td></tr>
<tr><td>Grain</td><td colspan="2">크리스탈(Crystal 90L)</td><td>0.1</td><td></td></tr>
<tr><td>Grain</td><td colspan="2">크리스탈(Crystal 45L)</td><td>0.2</td><td></td></tr>
<tr><td>Grain</td><td colspan="2">카라필스(Carapils)</td><td>0.2</td><td></td></tr>
<tr><td rowspan="4">Hop</td><td colspan="2">샌터니얼(Centennial)</td><td>Bittering</td><td>28g</td><td>60min</td></tr>
<tr><td colspan="2">캐스케이드(Cascade)</td><td>Flavor</td><td>28g</td><td>10min</td></tr>
<tr><td colspan="2">퍼글(Fuggle)</td><td>Aroma</td><td>28g</td><td>5min</td></tr>
<tr><td colspan="2">캐스케이드(Cascade)</td><td>Aroma</td><td>28g</td><td>0min</td></tr>
<tr><td>Yeast</td><td colspan="3">Saf Ale US-05 Dry Ale Yeast</td><td>11.5g</td><td></td></tr>
<tr><td rowspan="2">예상 맥주 Style</td><td>OG</td><td>FG</td><td>IBU</td><td>Color(SRM)</td><td>ABV(%)</td></tr>
<tr><td>1.065</td><td>1.015</td><td>50</td><td>9</td><td>6.6</td></tr>
<tr><td>기타</td><td colspan="5">- 캐스케이드(Cascade) 대신 스티리안 골딩스(Styrian Goldings)를 사용하여도 됨</td></tr>
</table>

벨지안 스타일 호가든! 나도 만들 수 있다

Name	트리펠(Tripel)				생산량	20L(물양 25L)
					투입량(kg)	투입시간
Malt	Grain	페일(Pale)			4.0	
	Grain	롤드 오트(Rolled Oats)			1.0	
첨가물	갈색 설탕(Brown Sugar)				1.5kg	
	콘 슈거(Corn Sugar)				0.3	처음 시작(당화) 할 때 몰트와 넣음
Hop	사츠(Saaz)		Bittering		28g	60min
	퍼글(Fuggle)		Bittering		28g	10min
	코리앤더씨드(Coriander Seed)		Spice		30g	15min
	스위트 오렌지(Sweet Orange)		Aroma		30g	15min
Yeast	Saf Ale US-05 Dry Ale Yeast				11.5g	
예상 맥주 Style	OG	FG	IBU		Color(SRM)	ABV(%)
	1.069	1.006	25		6	7.5
기타	- 벨지안 스타일인 호가든임 - 코리앤더씨 대신 팔각(향신료)을 사용해도 됨 - 코리앤더씨드(Coriander Seed)는 고수의 씨앗임					

나는 더블

Name	더블 IPA(Double IPA)		생산량	20L(물양 25L)
			투입량(kg)	투입시간
Malt	Grain	마리스 오터 페일(Maris Otter Pale)	4.0	
	Grain	뮤니크(Munich)	0.2	
	Grain	크리스탈(Crystal 90L)	0.1	
	Grain	크리스탈(Crystal 45L)	0.2	
	Grain	카라필스(Carapils)	0.2	
Hop	센터니얼(Centennial)	Bittering	28g	60min
	캐스케이드(Cascade)	Flavor	28g	10min
	퍼글(Fuggle)	Aroma	28g	5min
	캐스케이드(Cascade)	Aroma	28g	0min
Yeast	Saf Ale US-05 Dry Ale Yeast		11.5g	

예상 맥주 Style	OG	FG	IBU	Color(SRM)	ABV(%)
	1.065	1.015	50	9	6.6
기타	- 캐스케이드(Cascade) 대신 스티리안 골딩스(Styrian Goldings)를 사용하여도 됨				

핑크빛 맥주는 어떤 맛일까

Name	핑크 에일(Pink Ale)		생산량	20L(물양 25L)
			투입량(kg)	투입시간
Malt	Grain	페일 에일(Pale Ale)	4.0	
	Grain	비엔나 몰트(Vienna)	1.0	
	Grain	카라필스(Carapils)	0.2	
Hop	심코(Simcoe)	Bittering	14g	60min
	시트라(Citra)	Aroma	14g	15min
	심코(Simcoe)	Aroma	14g	10min
	시트라(Citra)	Aroma	14g	0min
첨가물	비트	핑크색	100g(ml)	7일 숙성 후 첨가
Yeast	Safale Safbrew - Specialty Ale Yeast T-58		11.5g	

예상 맥주 Style	OG	FG	IBU	Color(SRM)	ABV(%)
	1.062	1.015	40	5	6.0

기타	
	- 바이젠 스타일의 수제맥주임 - 숙성(발효) 7일째 첨가를 하며 첨가하기 전 청징을 통하여 옮겨 담은 후 진행함

가장 많이 마신다고! 벨지안 스타일 블론드 에일

Name	블론드 에일(Blonde Ale)		생산량	20L(물양 25L)
			투입량(kg)	투입시간
Malt	Grain	페일 에일(Pale Ale)	4.0	
	Grain	위트 몰트(Wheat Malt)	0.5	
	Grain	카라필스(Carapils)	0.5	
Hop	엘도라도(El Dorado)	Bittering	28g	60min
	에콰노트(Ekuanot)	Aroma	14g	15min
	에콰노트(Ekuanot)	Aroma	14g	10min
	에콰노트(Ekuanot)	Aroma	14g	5min
Yeast	Safale Safbrew - Specialty Ale Yeast T-58		11.5g	

예상 맥주 Style	OG	FG	IBU	Color(SRM)	ABV(%)
	1.064	1.015	40	5	6.3

기타	- Safale Safbrew - Specialty Ale Yeast T-58 효모는 Saf Ale US-05 Dry Ale Yeast 효모로 대체 사용 가능

Craft Beer
Bible

제9장

맥주 따라 세계여행

1. 주류 광고 카피라이팅
2. 맥주에 이런 의미가?

주류 광고 카피라이팅

술 광고 혼을 담다

- 목 넘김이 좋은 진정한 맥주 _OB맥주
- 이 순간 나는 라틴의 태양이다 _쿠바나(해태음료)
- 씻지 못할 두려움은 없다 _스타우트(하이트)
- 사랑만 갖고 사랑이 되니? _2% 부족할 때(롯데칠성)
- 180도 기분전환 _하이트맥주
- 당신의 걸음은 세상의 길이 됩니다 _조니워커골드(두산씨그램)
- 오늘은 멤버가 좋다 _딤플
- 당신은 산입니다 _산(두산주류)
- 다른 면을 발견해라(Discover Another Side) _헤네시꼬냑 VSOP
- 이 겨울 당신이 있기에 따뜻합니다 _가자주류
- 매실의 절정은 5년 _매취순(보해양조)
- 5분만 있으면 집으로 간다 _설중매(롯데칠성)
- 젊은 감각 실속 매실주 _매화수(진로)
- 찾았다! 나를 이해하는 술 _매화수(진로)
- 먼저 향에 취한다 _자연산송이(두산경월)
- 오래도록 기억되는 사람, 오래도록 기억되는 _시바스리갈
- 공통점도 없고, 의견도 다른 사이였다. 그러나 그들은 이러한 차이를 뒤로한 채 오늘밤, 평생 함께할 우정을 발견한다 _헤네시꼬냑

- 부드러운 로맨스 _스카치블루(롯데칠성)
- 순수보리와 사랑에 빠지다! _하이트프라임
- 그래! 이 맛이 진짜다! _하이트프라임
- 누가 이토록 대한민국을 기분나게 했던가! _OB맥주
- 무한순수주의 소주 _참진이슬로
- 소주가 좋다. 그러나 아침을 버릴 순 없다 _참소주(금복주)
- 술이 맛있다. 하이주다! _하이주(롯데칠성음료)
- 백세주로 시작합니다. 나는 '아빠'니까요 _백세주(국순당)
- 백세주로 시작하는 좋은 아빠들이 자꾸자꾸 늘어납니다 _백세주(국순당)
- 혀 끝에 쫙 붙는구나 _보해소주
- 순수 와인 _마주앙
- 위스키의 새로운 상상력 _딤플(두산씨그램)
- 혼자 아껴두고 싶은 생각이 절반. 모두 불러 모으고 싶은 생각이 절반 _딤플
- 성공을 향해 묵묵히 걸어가는 당신께 _조니워커로 경의 – 조니워커
- 소주 위에 소주 _김삿갓
- 당당한 술 _독도
- 카리브해의 향취와 낭만이 깃든 _캡틴큐(롯데칠성)
- 인생을 위한 맛(A taste for life) _Remy Martin
- 깊고 부드러운 맛 _마일드맥주(조선맥주)
- OB가 만든 신비의 와인 _마주앙(OB맥주)
- 적게 마시고 부드럽게 즐기고 _보해골드(보해주조)
- 소주의 순수시대 _수퍼골드(금복주)
- 이제 목으로 느낀다 _OB ICE
- 향수보다 매혹적인 향, 시크하고 부드러운 맛 _임페리얼 클래식

- 차고 깨끗한 _청하(백화)
- 눈으로 마시는 맥주 _카프리
- 유럽이 지켜 온 맛 _칼스버그
- 우리나라 맥주의 산 역사 _크라운맥주(조선맥주)
- 깨끗한 맛, 깨끗한 맥주 _크라운수퍼드라이(조선맥주)
- 강하고 진한 맛 _크라운스타우트(조선맥주)
- 좋은 것은 변하지 않습니다 _패스포트
- 물이 좋아 더 맛있는 맥주 _하이트

맥주에 이런 의미가?

맥주를 모르는 자여, '비어가즘'을 느껴라!_고첼, 2018

당신은 비어가즘을 느껴본 적이 있는가?

- **귀르가즘** : 천상계 수준의 실력을 가진 가수들의 노래를 들으면 귀를 통해서 느끼는 짜릿한 감정
- **피르가즘** : 피지를 뽑는 영상처럼 처음엔 극혐이지만 이상하게 계속 보게 되며 심지어 시원한 기분까지 들며 대리만족하게 되는 상태
- **비어가즘** : 타들어 갈 듯한 갈증의 순간에 목이 찢어질 듯 차가운 맥주를 식도에 내리꽂을 때 그리고 이전에 느껴보지 못한 맥주의 맛과 향을 깨닫게 되면서 맥주에 코를 박고 킁킁대거나 맥주가 없어지는 것이 몹시 아쉬워 한 모금 한 모금에 온 신경을 집중하는 과정

긴 항해를 통해 발견된 IPA

■ India Pale Ale

줄여서 IPA라고 쓴다. 저장성 향상을 위해 알코올 도수와 홉 함량을 높인 에일이다. 19세기에 영국의 식민지였던 인도에 거주하던 영국인들에게 주류를 수출할 때 클리퍼로 아무리 빠르게 수송해도 2달이나 걸리는 배송시간 때문에 맥주가 상해버리는 문제가 발생했다. 이에 따라 인도 수출용으로는 저장성을 높인 고도수 에일이 주로 유통되었고 이 에일 제품군이 "India Pale Ale"이라는 이름을 갖게 되었다. 탄산이 비교적 약하고 홉에서 비롯된 쓴맛이 강하지만 재료의 비중이 높으므로 보리와 홉의 향이 잘 살아난다. 솔향을 연상시키는 강렬한 홉향과 강한 맛이 특징이며, 에일맥주에 맛을 들이면 라거류의 맥주는 싱겁고 밍밍하게 느껴지게 된다. 호불호의 가장 큰 이유는 홉의 첨가에 따른 특유의 솔향, 시큼하고 강렬한 첫맛 때문이다. 워낙 강하고 텁텁한 쓴맛에 초보자들에게는 난이도가 높은 맥주지만, 음용 온도를 빙점 가까이 매우 차갑게 만들면 쓴맛은 상대적으로 줄어들고 홉의 단맛이 강조되어 상당히 마시기 편하게 되니 IPA의 맛을 이해하고 싶다면 추천되는 입문 방법이다.

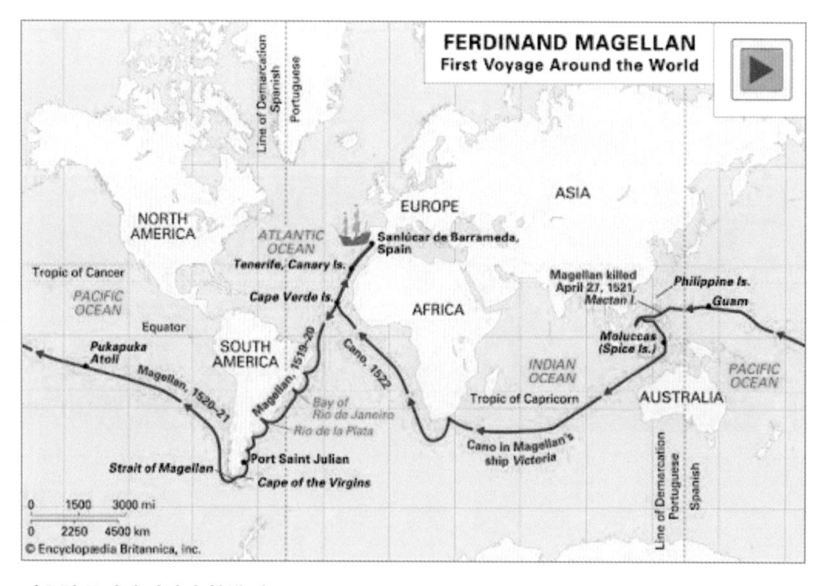

서유럽 국가의 인디아 항해 지도

다시 정리해보면 IPA는 맥주를 이동하기 위한 방법에서 우연히 발견되었다고 할 수 있다. 기존의 라거맥주는 대서양을 건너는 긴 항해에서 부패로 인해 마실 수가 없자 오랜 항해에도 변질되지 않고 이동할 수 있도록 하기 위해 알코올 도수와 홉의 양을 늘려 맥주를 만들게 되는데 이렇게 만들어진 맥주에 붙여진 이름이 IPA(India Pale Ale)이다.

미국 20세기 후반 수제맥주의 꽃을 피우다. APA(American Pale Ale)

▪ 미국 에일 효모를 이용하여 상면발효하는 에일맥주

페일 에일은 본래 18~19세기 영국에서 유명했던 맥주 스타일인데, 아메리칸 페일 에일은 1970~80년대에 등장해 비교적 짧은 역사를 가지고 있다. 페일 에일은 통상적으로 출신 국가를 스타일명 앞에 붙여준다.

아메리칸 페일 에일은 미국 크래프트 맥주의 역사와 함께 시작했다. 1970년대 후반 미국 대통령 지미 카터가 소규모 양조장법을 통과시키면서 미국 각지에 수많은 크래프트 맥주 양조장들이 생겨나게 되었는데, 페일 에일이 미국 크래프트 맥주 양조장의 대표맥주가 될 수 있었던 이유는 기존의 페일 라거보다 만들기 쉽고 다양한 맛을 지녔기 때문이다.

아메리칸 페일 에일은 잉글리쉬 페일 에일에 영감을 얻어 제작된 스타일이다. 페일 에일은 미국 내에 버드와이저나 밀러와 같은 대중적이고 평이한 페일 라거맥주 이외에는 선택권이 없던 1970년대에 등장하여, 맥주 마니아와 취미로 맥주를 만드는 홈브루어(Home Brewer)들에게 많은 영향을 끼쳤다. 홈브루어들은 소규모 양조장법이 통과되면서 자신의 양조장을 설립할 수 있게 되었고, 기존의 대중적인 라거맥주들을 만드는 대기업들로부터 차별화하기 위해 아메리칸 페일 에일을 만들었다.

누구와 맥주를 마시고 싶은가? 조 바이든 vs 도날드 트럼프

미국의 정치 여론 조사

바이든과 트럼프의 맥주 테스트 여론조사에서는 트럼프가 이겼으나 실제 대통령 당선은 조 바이든이 되었다.

오바마, 백악관에 수제맥주 브루어리를 만들다!

미국 오바마 대통령은 맥주 애호가로 유명했다. 맥주를 마시며 대화를 나눌 수 있는 이미지를 최대한 활용했다. 사회적 갈등에 대한 대책을 논의하기 위해 전문가를 초빙해서 백악관 뜰에서 맥주 미팅(Beer Summit)을 했고 각국을 순방했을 때도 정상들과 맥주를 마시며 만남을 가졌다. 이를 맥주 외교라고 부르기도 했다.

심지어 백악관에 맥주 양조장까지 사비로 만들어서 맥주에 벌꿀을 넣는 특별한 제조방법으로 만든 '화이트 하우스'라는 브랜드로 맥주를 생산하기도 했다.

이러한 사실이 알려지면서 인터넷 청원 사이트 '위더 피플'에 맥주 제조법을 공개할 것을 촉구하는 청원서가 올라오기도 해서 백악관 공식 블로그에 맥주 제조법을 공개했다고 한다.

이 맥주는 백악관 허니 에일(White House Honey Ale)과 백악관 허니 포터(White House Honey Porter)라는 이름이 붙었는데 맥아 추출액과 꿀, 초콜릿, 효모균, 옥수수당 등이 들어간다.

출처: 해프문베이브루잉컴퍼니

오바마-롬니 맥주

오바마(OBAMA)와 노바마(NOBAMA)

오바마 맥주 제조법 공개 이후, 미국의 가장 보수지역인 오클라호마에서는 오바마에 반대하는 '오바마는 안 된다'는 뜻의 이른바 '노, 바마(NOBAMA)' 맥주가 나오기도 했다. '자유와 애국주의의 신선한 맛을 첨가했다'라고 광고했는데, 맥주 판매점 인터뷰에서 정치적 의견이 다른 친구나 지인들에게 선물하려고 사가는데 반응이 좋다고 한다.

구스아일랜드(Goose Island) 312 어반 위트 에일(312 Urban Wheat Ale) 맥주

오바마 대통령은 국제 회담에서 영국 총리에게 미국 1세대 크래프트 맥주 브랜드인 구스아일랜드(Goose Island)를 대표하는 화사한 오렌지향과 드라이한 몰트 바디, 쌉싸름한 피니시가 조화를 이루며, 은은한 단맛과 향긋한 과일향이 밸런스를 이루는 312 어반 위트 에일(312 Urban Wheat Ale) 맥주를 선물했다.

312는 구스아일랜드의 양조장이 위치한 시카고 지역 번호이다. 미국 스타일의 밀맥주로 홉의 알싸한 향과 신선한 과일 풍미, 크리미한 바디, 깔끔하고 개운한 끝맛이 매력적이다.

오바마 대통령의 수제맥주 사랑은 이외에도 많은 일화를 남기고 있다.

맥주 테스트, 에일렉션이란

■ 트럼프와 힐러리

미국 대통령 후보들의 선호도 조사 방법 중에는 '맥주 테스트'라는 것이 있다. "어떤 후보와 같이 맥주를 마시고 싶나요?"라는 설문조사이다. 이 조사 결과가 여론조사보다 신뢰성 있게 나타난 경우가 2016년 대선이다. 트럼프는 힐러리에 비해 여론조사에서 상당한 격차로 뒤처졌지만 맥주 테스트에서는 앞섰었다. 결과는 예상을 뒤엎고 트럼프가 승리했다. 같이 맥주를 마시고 싶은 상대가 된다는 것은 그만큼 중요하다.

■ 오바마와 밋 롬니

2012년에는 버락 오바마 미국 대통령과 밋 롬니 공화당 후보가 미 대선을 앞두고 오차 범위에서 초박빙의 승부를 벌이는 가운데 이른바 '맥주대선'에서는 오바마가 롬니를 크게 앞서 주목된다. 민주 · 공화 양당 대선 후보의 얼굴이 들어간 맥주 가운데 어느 쪽이 더 많이 팔리는지를 두고 승패를 가르는 맥주대선은 오바마가 승리한 지난 2008년 처음 실시됐는데 당시 대선 결과를 정확히 예측했다. 미 경제 전문채널 CNBC에 따르면 해프문베이브류잉컴퍼니라는 미국 맥주회사는 두 번째 맥주대선(Presidential Alection)을 치르고 있다고 표현하였다.

어떤 결과가 나왔을까?

수제맥주를 사랑한 오바마가 당연히 재선에 성공한다.

■ 에일렉션?

'에일렉션'은 맥주를 일컫는 '에일(ale)'과 선거라는 의미인 '일렉션(election)'의 합성어다. 해프문은 22온스들이 병맥주에 민주당을 상징하는 파랑 바탕에 오바마의 얼굴이 들어간 라벨을 붙인 맥주와 공화당의 빨강 바탕에 롬니의 얼굴을 넣은 라벨을 붙인 맥주를 각각 선보였다. 맥주는 한 병에 4.50달러로 병 안에는 똑같은 맥주가 들어 있다.

박정희 대통령

우리나라 대통령 중에서도 호감 이미지 형성에 술을 적절하게 활용한 사례가 많다. 대표적으로 박정희 대통령을 꼽을 수 있다. 5 · 16 군사 쿠데타 후 최고회의 의장 시절, 권위주의적이고 딱딱한 이미지를 어떻게 부드럽고 서민적이게 바꾸냐가 과제였다. 이때 시도한 것이 모내기철에 농부와 막걸리 마시는 장면을 연출하고 이를 PR하는 것이었다. 효과는 대단해서 이미지 PR의 성공 사례로 자주 이용되고 있다. 그 후에도 막걸리는 박 대통령의 서민 이미지 형성에 큰 기여를 했다.

출처: 대통령기념관

최고회의 의장 시절(1962년)

이후 역대 대통령은 술을 이미지 형성에 적절하게 활용했다. 술자리를 통해서 자연스럽게 인간적인 면모와 리더십 스타일을 보여줄 수 있기 때문이다. 여야 대표를 청와대로 초대해 막걸리를 곁들인 만찬을 열기도 했고 퇴근길 호프집에서 시민들과 수제맥주를 마시는 행사에 참여하기도 했다. 이렇게 대통령이 술을 마시며 격의 없는 대화를 하는 모습은 일반인들에게 친근한 이미지를 준다.

한국 최초의 맥주 광고?

■ 조선 최초의 광고

한 장의 사진으로 많은 것을 해석할 수 있는 경우가 있다. 황성신문에 실린 맥주 및 음료 광고이다.

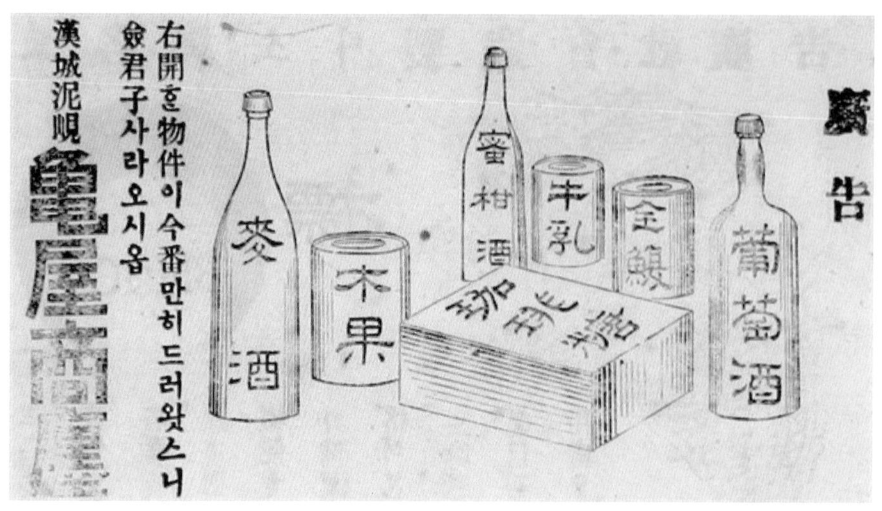

출처: 국립중앙도서관

구옥상전 광고: 포도주, 전복, 우유, 밀감주, 가배당, 목과, 맥주(황성신문(皇城新聞), 1901.06.19.)

한국 최초 맥주공장의 모습은

출처: 국립중앙도서관

한국 최초의 맥주공장: 1937년 조선총독부 발간 조선신궁 어진좌 10주년 기념책자(삿뽀로맥주)

흑맥주의 제왕, 기네스는 누구인가

■ 우리가 알고 있는 기네스북, 기네스가 만들었다!

기네스를 처음 만든 사람은 아일랜드 '아서 기네스(Arthur Guinness)'이다. 아서 기네스의 아버지는 대주교의 집에서 집사로 일하며 맥주를 만들었다. 기네스는 태어날 때부터 맥아 냄새를 맡으며 자랐고, 프라이스 주교는 아서의 대부를 자처하며 사업 운영 방법, 계약하는 방법 등 맥주 양조업을 운영하는 데 필요한 모든 것을 교육했다. 대주교가 아서 기네스에게 남긴 100파운드(당시 4년치 연봉에 해당) 유산으로 작은 양조장을 차린다.

■ 9000년 계약?

1759년 34살에 아일랜드 수도 더블린에 진출해 양조장을 임대하는데 임대 계약서에 매년 45파운드를 임대료로 내기로 사인한 날짜가 1759년 12월 31일인데 임대 기간이 9000년이다. 현재는 기네스가 해당 땅을 매입한 상태로 '세인트제임스 게이트 브루어리'를 세웠다.

기네스는 전 세계에서 매일 천만 잔이 넘게 팔리고 있다. 처음에 기네스는 에일(ale) 맥주를 주로 양조했는데, 1720년대부터 영국에서는 포터라는 흑맥주가 유행하고 있었다. 포터는 짐꾼이라는 의미로 부둣가에서 일하는 짐꾼들이 진한 색상의 맥주를 좋아해서 이름이 포터(porter)가 되었다. 이런 트렌드에 따라 1799년부터 포터 흑맥주만 생산하게 된다.

기네스는 로스팅한 보리를 사용하여 커피 풍미가 매력적이다.

■ 아일랜드의 상징, 하프와 기네스

아일랜드에서는 하프를 연주해야 천국에 갈 수 있다고 한다. 1833년 아일랜드 최대 맥주회사로 발돋움하면서 나라를 대표하는 국민회사가 된다. 1862년에 아일랜드 상징인 하프를 트레이드 마크로 정하게 되었고 해외 수출이 급증하게 된다. 아일랜드는 19세기 중반 감자 대기근으로 100만 명 이상이 사망하고 200만 명 이상이 이민자가 된

역사를 가지고 있다.

애국심 마케팅으로 이민자들이 나라의 상징인 하프를 보면서 고향의 향수를 느끼기 위해 기네스 맥주를 찾게 하였다. 19세기 말에는 유럽 최대 맥주회사로 성장하게 된다.

■ 영화 킹스맨

영화 '킹스맨'의 장면 중 콜린 퍼스가 등장하는 술집 곳곳에 기네스 마크가 보이고, "나는 이 맛있는 맥주를 마저 마셔야겠어"라는 대사가 나오기도 한다. 무거운 건축자재를 한 손으로 번쩍 드는 기네스 광고는 인상적이다.

1차 세계대전 이후 심각한 위기가 찾아오는데, 재료인 보리를 구하기 어려워지게 되고, 영국에서는 맥주 세금을 올리고 영업시간을 11시로 제한하게 된다. 또한 맥아 비율을 낮춰 저도수의 맥주를 만들도록 법을 만들어 기네스도 저알코올의 맥주를 만들었는데 소비자들의 반응이 좋지 않았다.

1920년대부터 미국에서는 금주법을 시행하여 수출에도 어려움을 겪게 된다. 이러한 상황에서 기네스는 광고 마케팅을 추진하면서 'Guinness is good for you', 'Guinness for strength'라는 카피문구와 함께 귀여운 동물들에 광고 문구를 입혀 친화감을 주었다.

■ 위젯 – 거품의 미학

기네스는 과학자나 수학자를 고용하여 혁신적인 맥주 제조법을 개발하게 된다.

기네스는 생맥주처럼 신선한 맛을 유지하기 위해 100억을 투자해 '위젯'을 개발하였다. 드래프트 캔을 흔들어보면 딸랑딸랑 소리가 나는 '위젯'을 넣어 캔을 오픈하면 압력이 낮아지면서 위젯에 갇혀 있던 맥주가 분출하는데, 이때 10억 개의 미세한 거품을 일으킨다.

위젯의 발명으로 가스 주입이나 흔들지 않고 부드러운 맥주 거품을 만들어낸 것이다. 대단한 발명이라 할 수 있다.

■ Student's t-Distribution 통계기법

수학자 윌리엄 고셋(William Gosset)은 최고의 맥주 맛을 내기 위해 홉과 효모 배합률을 수학적으로 연구하다가 통계학의 기초가 되는 t분포라는 통계기법을 발견하고 다른 맥주 경쟁사가 모르도록 실명 대신 학생이라는 가명으로 학회지에 발표했다. 지금도 이 이론을 Student's t–Distribution이라고 부른다.

맥주의 맛을 위하여 홉과 효모의 배합을 연구하다가 통계학의 중요한 기법을 발견한 것이다.

■ 바다에 가면 기네스 맥주병을 찾아보자

1959년 창사 200주년에는 유리병 15만 개에 쪽지를 넣어 대서양, 인도양, 태평양에 띄워 보냈다. 병을 찾은 사람에게는 기념품을 주는 이벤트를 벌이기도 했다. 현재도 간혹 이 병이 바다에서 발견된다고 한다.

축구 하면 맥주, 축구 마케팅하는 맥주회사

■ 챔피언스리그와 하이네켄

하이네켄이 소유한 브랜드는 300개 정도 되는데, 암스텔, 에델바이스, 타이거 등 수많은 맥주 브랜드를 가지고 있다.

이러한 하이네켄 맥주는 챔피언스리그 하면 하이네켄, 축구 하면 하이네켄이라는 이미지를 구축하고 있다.

유럽 챔피언스리그 결승전 한 경기에 전 세계 시청자가 3~4억 명에 달하고, 연간 40억 명 이상의 시청자를 대상으로 하기에 브랜드 홍보효과가 엄청나다. 광고 중에 천사가 맥주를 배달해주는 오페라 극장에서 세도르프가 공을 차고 부폰이 막는 영상도 인상적이다.

또한 결승전 티켓 반쪽을 마트 손님들에게 나눠주고 나머지 반쪽을 3분 안에 찾으라면서 9라는 숫자를 힌트로 주고, 손님을 가장해 카트를 끌고 다니던 전설의 9번 공격수를 알아본 손님이 티켓을 받아갔던 영상도 있다.

■ 녹색 – 하이네켄의 브랜드 컬러

소설가 무라카미 하루키의 데뷔작 『바람의 노래를 들어라』에 보면 주인공이 여름 동안 25미터 풀장을 가득 채울 만큼의 맥주를 마셨다는 표현이 등장한다. 맥주를 사랑하는 하루키가 작품에 가장 많이 등장시킨 맥주가 바로 하이네켄이다.

심지어 『하이네켄 맥주의 우수한 점에 대하여』라는 에세이, 『하이네켄 맥주 캔을 밟는 코끼리에 대한 단문』이란 단편소설까지 집필했다. '주인공이 하이네켄 맥주 캔 12개를 모아 놓고 코끼리에게 밟게 했더니 초록색 판자처럼 보였다. 초록색 판자는 5월의 태양 아래 하늘에서 내려다본 아프리카 평원처럼 반짝반짝 눈부시게 빛났다'라는 대목이 있다. 여기서 아프리카 평원 같다고 묘사한 녹색은 창업 초기부터 건강과 활력을 상징하는 하이네켄의 브랜드 컬러이다.

■ 하이네켄의 상징 빨간색 별

또 다른 상징인 별 역시 중세 맥주 장인들의 청결의 상징에서 유래되었고, 별의 5개 꼭짓점은 맥주를 만드는 5가지 요소인 홉, 보리, 효모, 물, 마법을 의미하면서 별의 색상은 초창기 검은색을 시작으로 지금의 빨간색 별을 사용하고 있다.

■ 손흥민과 버드와이저 'King of the Match'

2002년 월드컵 당시 유럽의 축구팀들은 비행기로 맥주를 가득 싣고 왔다고 한다.

버드와이저는 프리미어리그와 라리 두 곳을 후원하고 있는데 경기마다 뽑는 최고 수훈선수를 'MOM: Man of the Match'라고 하는데 현재는 'King of the Match'로 공식 명칭이 변경되었다. 이유는 버드와이저 슬로건이 'King of beers'이기 때문이다.

손흥민 선수가 선정되었을 때도 'King of the Match 버드와이저'라고 칭하기도 했다. 리오넬 메시를 홍보대사로 영입하면서 메시가 단일 클럽 최다 득점 기록 644골을 달성하자, 그동안 메시에게 골을 허용한 골키퍼 160명에게 실점한 골 개수만큼 버드와이저 맥주를 보내줬다고 한다. 당시 지에구 아우베스 골키퍼가 가장 많은 21병의 맥주를 받았다고 한다. 언박싱 영상을 올린 골키퍼도 있었다고 하는데, 그중 페르난데스 골키퍼는 메시 기념 맥주 17병을 받아 10병을 경매로 팔아 수익금을 자선단체에 기부하기도 했다고 한다.

■ 바이에른 뮌헨 축구팀

독일의 파울라너 맥주는 바이에른 뮌헨이라는 독일 최고 명문 클럽을 후원하는데, 우승을 하면 선수들이 3L짜리 대형 잔에 파울라너 논알코올 맥주를 가득 담아서 파티를 한다. 리그에서 골을 넣을 때마다 맥주 100L씩 적립했다가 다음 시즌 개막 때 관중에게 공짜로 나눠주는 마케팅을 하고 있다.

맥주 – 영화 <타이타닉>을 마시다!

■ 영국의 Bass 맥주

당대 최고의 유람선이었던 타이타닉은 아무 맥주나 싣지 않았다. 맥주병에 있는 빨간색 삼각형은 잭과 로즈가 3등 칸에서 마신 맥주가 바스(Bass)임을 알려준다. 1912년 타이타닉과 함께 수장된 바스 에일은 무려 500상자, 총 1만 2,000병에 달했다.

바스 에일맥주의 타이타닉 프로모션

■ 왜요? 1등 칸 여자는 맥주도 못 마시는 줄 알았어요?
_영화 <타이타닉>

담배 연기가 가득한 3등 칸, 한껏 상기된 표정의 로즈는 붉은색 맥주를 건네받자 벌컥벌컥 들이켰다. 와인색 드레스에 짙은 화장, 맥주를 마시는 그녀의 모습은 같은 공간에 있는 사람들과 사뭇 이질감이 느껴졌다. 아이리시 음악에 맞춰 함께 춤을 춘 잭이 없었다면 분명 이방인 취급을 당했을 터였다. 거침없이 맥주를 마시는 모습은 갈증이 아니라 계급과 가식을 털어버리려는 몸부림 같았다.

영화 〈타이타닉〉에서 맥주는 거짓 페르소나를 벗게 해주는 정화수와 같다. 제임스

캐머런 감독은 정확한 고증으로 영화 속 맥주를 표현했다.

혹시 영화 타이타닉을 못 봤다면 오늘 저녁 수제맥주를 한 잔 들고 타이타닉을 보도록 하자. 3시간이 넘는 긴 영화이니 수제맥주는 여러 병 준비하여야 할 것이다.

bass 에일맥주를 마시는 로즈의 모습

■ 얼마? 타이타닉의 메뉴 경매가

R.M.S. "TITANIC

APRIL 14, 1912.

LUNCHEON.

CONSOMMÉ FERMIER　　COCKIE LEEKIE

FILLETS OF BRILL

EGG À L'ARGENTEUIL

CHICKEN À LA MARYLAND

CORNED BEEF, VEGETABLES, DUMPLINGS

FROM THE GRILL.

GRILLED MUTTON CHOPS

MASHED, FRIED & BAKED JACKET POTATOES

CUSTARD PUDDING

APPLE MERINGUE　　PASTRY

BUFFET.

SALMON MAYONNAISE　　POTTED SHRIMPS

NORWEGIAN ANCHOVIES　　SOUSED HERRINGS

PLAIN & SMOKED SARDINES

ROAST BEEF

ROUND OF SPICED BEEF

VEAL & HAM PIE

VIRGINIA & CUMBERLAND HAM

BOLOGNA SAUSAGE　　BRAWN

GALANTINE OF CHICKEN

CORNED OX TONGUE

LETTUCE　　BEETROOT　　TOMATOES

CHEESE.

CHESHIRE, STILTON, GORGONZOLA, EDAM,

CAMEMBERT, ROQUEFORT, ST. IVEL.

CHEDDAR

Iced draught Munich Lager Beer 3d. & 6d. a Tankard.

출처: http://www.titanicjp.com/index.html

타이타닉의 메뉴 (1912년 4월 14일이라고 적힌 메뉴 리스트)
2012년 3월 경매에서 76,000파운드에 낙찰됨

■ 바스, 런던을 유혹하다!

19세기 중반 영국 맥주산업은 변곡점을 지나고 있었다. 150년 이상 시장을 지배하던 런던의 다크 에일, 포터를 위협하는 세력이 등장한 것이다. 런던에서 200km 떨어진 작은 도시 버튼 온 트렌트 출신의 바스 페일 에일이 1837년 개통된 철도를 타고 런던을 공습하기 시작했다. 앰버색과 섬세한 홉향 그리고 깔끔한 마우스 필을 갖고 있는 이 맥주는 삽시간에 트렌드로 떠올랐다.

맥주 색깔! 맥아의 색깔 창조로부터

페일(pale)을 문자 그대로 해석하면 창백함이지만 맥주에서는 앰버, 즉 밝은 갈색을 의미한다. 맥주가 색을 갖게 된 것은 1635년 영국인 니콜라스 할스의 코크(coke) 맥아 가마 발명 덕이었다. 석탄에서 유해 물질을 제거한 코크는 나무와 달리 열을 조절할 수 있어 맥아의 굽기 정도를 컨트롤할 수 있게 되었다. 인류가 맥주를 만든 이래, 처음으로 맥아의 색을 창조할 수 있게 된 것이다.

포터맥주와 페일 에일

페일 에일은 1640년대부터 싹트고 있었다. 그럼에도 17~18세기 영국을 주름잡던 맥주는 포터였다. 포터에 비해 향과 맛에서 완성도가 떨어지는 페일 에일은 세계 최대 맥주시장 런던에서 경쟁력이 부족했다. 밝은색 에일이 주목받던 지역은 인도였다. 인도로 수출하던 맥주 중 옥토버 에일은 밝은색과 뚜렷한 홉향, 높은 쓴맛과 알코올로 현지에서 인기가 높았다.

후에 인디아 페일 에일(IPA)로 명명된 이 스타일을 선도한 양조장은 호지슨의 보우였다. 당시 IPA는 적어도 6개월 이상의 숙성이 필요한 맥주였다.

빨간 삼각형 - BASS 에일의 위대함

■ 바스 에일, 피카소 그림 속에도!

에두아르 마네가 유작 '폴리베르제르 바'의 바텐더 앞에 있는 맥주와 1871년 강화도 관리 김진성씨를 찍은 사진 속에 있는 맥주가 무엇인지 알 수 있는 건, 빨간색 삼각형 덕분이다. 심지어 피카소 작품 속에 있는 이상한 모양의 맥주가 바스인 것도 이 삼각형이 있기에 알 수 있다.

출처: Horecaservice Nevejan

출처: https://zythophile.co.uk

출처: 위키피디아

에두아르 마네 유작: 폴리베르제르 바에 있는 바스 맥주

바스의 트레이드 마크인 빨간색 삼각형은 영국 특허청에 등록된 1호 디자인 상표다. 1876년 1월 1일 빨간색 삼각형을 누구보다 빨리 등록하기 위해 전날 밤 특허청 사무실로 직원을 보낸 일화는 유명하다. 바스는 디자인이 마케팅에 중요한 요소라는 것을 이미 19세기에 통찰하고 있었다. 이후 사람들은 맥주병 라벨에 있는 빨간색 삼각형만으로 바스라는 것을 인지했고 이 로고는 품질과 진정성의 상징이 되었다.

조선 최초 맥주 사진을 찍은 남자!

출처: 위키피디아

배스(Bass) 맥주병 10여 개를 신문인 '에브리 새터데이(every Saturday)'에 싸서 안고 있는 모습

1871년 5월 30일 상투를 튼 조선인이 미군 군함에서 맥주병을 품에 안고 웃고 있다. 두 팔 아래로는 미국 주간지를 끼고 담뱃대를 가로질러 들고 있다. 이 사진은 미군 함대가 강화도를 무력 침략한 신미양요 때 이탈리아계 종군사진가 펠리체 베아토가 찍은 조선인 사진이다. 이 사진은 전투가 시작되기 전 미군 함대를 찾은 조선인 관리 중 한 명인 인천부 아전 김진성을 찍은 사진으로 알려지고 있다.

신미양요는 인천의 치욕으로 어재연 장군기를 빼앗겼다. 그럼에도 발행된 신문에는 '얼마나 흡족한 표정인가, 이 사진을 보라'라고 설명되어 있었다. 이 사진에 대해 신미양요 150주년 학술대회에서는 '제국의 렌즈로 본 신미양요–펠리체 베아토의 종군 사진을 중심으로'라는 발표에서 "아무리 하급 관리라 해도 의관(갓과 두루마기)을 제대로 갖추고 갑판에 올랐을 테지만, 상투를 드러내기 위해 일부러 갓을 벗긴 채 촬영한 것"이라며 "조선의 상투는 중국의 변발, 일본의 존마게(일본식 상투)와 함께 동양의 비위생을 대표하는 코드였다. 담뱃대 역시 서양인들에게는 게으름의 상징으로 여겨졌고, 이 사진을 소비할 서구인들에게 문명과 야만, 근대와 전근대의 대비가 일어나면서 문명화에 대한 사명감을 고취하려는 의도가 배어 있었던 것"이라고 해석했다.

비위생적이고 게으른 조선인이 미 해군이 버린 빈 맥주병과 영자 신문을 주워 들고 좋아하는 모습을 대비해 서양이 우위에 있음을 노골적으로 드러내 보인 사진이라는 것이다.

신미양요 이후 조선은 1876년 강화도 조약을 통해 개항하게 되었다. 이때부터 외국의 근대 문물이 본격적으로 들어오면서 조선의 모습이 달라지기 시작했다. 수입품이었던 맥주를 일반 국민이 접하기는 어려웠지만 개화한 지식인들을 중심으로 소비층이 형성되었다.

바스, 끈질긴 생명력

20세기 라거맥주의 확산으로 포터와 IPA, 페일 에일이 쇠락했지만 바스는 굳건히 자리를 유지했다. 크고 작은 양조장을 인수합병하며 덩치를 키웠고 철도를 소유하며 유통 경쟁력도 높였다. 바스가 타이타닉에 실린 건, 결코 우연이 아니었다.

■ 7,000개에서 2,000개로!

1989년 12월 마가렛 대처 총리는 6개 맥주회사의 독점이 시장 경쟁력을 약화시킨다고 판단하여 이를 해체하는 법령을 공표한다. 이 법에 따르면 대형 맥주회사가 소유

할 수 있는 펍은 2,000개 이하여야 하며 반드시 게스트 맥주를 판매해야 했다.

바스는 이 법에 직격탄을 맞았다. 7,000개 이상이었던 펍은 3분의 1로 줄어들었고 시장의 지배력은 희석됐다.

이 법으로 소규모 맥주회사가 성장했고 유통시장이 활발해지는 장점도 있었지만 기득권 회사는 억울한 측면도 있었다. 마침내 바스는 맥주사업에 염증을 느끼고 호텔 쪽에 집중하는 안타까운 결정을 내렸다. 안타깝게도 2019년 5.1% 알코올을 가진 프리미엄 에일로 리포지셔닝한 이후, 한국에서는 더이상 찾기 힘든 맥주가 됐다.

1990년 후반, 타이타닉 조사 및 복원 작업 중 9병의 바스 맥주가 발견됐다. 기세등등했던 라거를 제치고 타이타닉 맥주로 선정되었다는 것만으로 우리는 20세기 바스의 위상을 가늠할 수 있다.

이집트에서의 맥주

■ 피라미드 건설 노동자 월급은 맥주?

함무라비 법전에도 맥주에 관한 법률이 나와 있다. 약 5000년 전 지금의 이라크 지역인 우루크 도시의 노동자들은 맥주로 임금을 받았다. 이집트에서는 노동 계약에 맥주를 얼마나 지급할지를 반드시 포함했다.

피라미드 건설 노동자들은 매일 빵 서너 덩어리와 맥주 4~5리터를 배급받았으며, 메소포타미아 수메르 신전에서 일하는 노동자는 하루 1리터의 맥주를, 고위 공직자는 5리터를 받았다.

맥주 배급량이 달랐던 것은 고위 관리에게는 집에 하인들이 있었기 때문이다. 알코올 도수도 사회적 지위를 구분하여 평민 일꾼은 도수가 낮은 맥주를, 고급 관료는 도수가 높은 맥주를 받았다고 한다.

■ 맥주가 변비약과 진통제 역할

고대 그리스인들은 포도주를 즐겨 마시며 맥주 마시는 페르시아인들을 경멸했다. 그리고 이외의 지역에서는 보리와 물을 적절하게 혼합하면 쉽게 발효시켜 빚을 수 있는 맥주가 널리 유행했을 것으로 보인다. 맥주는 진정제나 다른 약 성분을 녹이는 용도의 의약품으로 맥주에 양파를 섞어 변비약을 만들고, 향신료인 사프란을 넣어 출산 진통 완화제로 복용하기도 했다.

■ 수도사들은 술꾼?

맥주 양조기술이 본격적으로 발달한 것은 중세 수도원에서부터였다. 중세 수도원에서 수도사들이 금식 기간 동안 기분 좋은 맛을 내는 음료를 마시고 싶어했기 때문이다. 8세기경 영국의 에일(ale)과 포터(porter)가 만들어졌고, 10세기경부터는 맥주에 쌉쌀한 맛을 내는 홉을 첨가했다. 수도원의 맥주라고 부르는 트라피스트 에일(Trappist ale)은 그리스도의 수난과 죽음을 묵상하는 사순절 시기 단식 등으로 부족해진 영양분을 보충하기 위해 만들어졌다고 전해진다. 교황으로부터도 허락받은 맥주를 당시에는 액체 빵이라고도 부를 만큼 영양분이 풍부했던 것이다. 뿐만 아니라 대부분의 지역이 문맹이던 중세 유럽과는 달리 교육과 학문의 중심지였던 수도원 수사들을 통해 맥주 양조법이 더욱 발전되면서 전해질 수 있었다.

■ 맥주 – 저승 갈 때 가져가는 선물!

고대 이집트에서는 이승에서 저승으로 가는 선물 중 하나가 맥주였다. 이집트 최초의 왕이자 내세를 지배하는 신인 오시리스의 눈물을 맥주로 묘사한 것을 보면 맥주가 이집트인들에게 얼마나 중요했는지 알 수 있다. 이집트에서는 맥주 만드는 일을 예술로 생각했다. 맥주 만드는 사람은 모두 여자였는데 이들은 모두 많은 존경을 받았다. 맥주 양조방법을 가르쳐준 것은 이시스였으나 맥주 양조장을 돌봐주는 신은 테네니트라는 여신이었다. 수많은 양조장이 이집트 전역에 있었으며 테네니트에 의해 좋은 맥주가 만들어진다고 믿었다. 모든 이집트인들이 술을 마시고 토해도 되는 시기가 축제 때였다.

■ 맥주 – 인간을 구하다

이집트 최고의 신인 라(Ra)는 태양의 신이자 파라오의 숭배 대상이었다. 라는 매일

12시간 배를 타고 하늘을 가로지르는 여행을 한다고 여겨졌으며 파라오는 그의 아들이라고 믿었다. 라는 자신의 딸인 하토르(Hathor)에게 자신을 반역한 인간들을 죽이라고 명령한다.

본래 하토르는 하늘과 별의 여신이자 인간에게 춤과 노래를 가르쳐준 행복을 상징하는 신이다. 하토르는 분노와 파괴의 신인 세크메트(Sekhmet)라는 두 가지 인격을 가지고 있었다. 인간의 피를 맛본 그녀는 살육을 멈출 수가 없었다. 그녀를 힘으로 제어하는 것이 불가능하다고 생각한 라는 작은 지혜를 낸다.

그는 인간에게 7,000통의 붉은 맥주(red beer)를 양조하게 한 후 들판에 모두 붓도록 했다. 붉은색의 맥주를 인간의 피로 착각한 세크메트는 이를 모두 마시고 취해 잠이 들었다. 평온히 잠든 세크메트는 다시 하토르로 돌아왔고 인간은 멸종의 위험에서 벗어나게 되었다.

이집트에서 하토르를 찬양하는 축제는 여름에 열린다. 여름은 나일강이 범람한 후 적갈색 땅을 선물하는 시기이다. 축제 때 사람들은 나이와 신분에 관계없이 맥주를 마시며 밤새 즐긴다고 한다.

참고문헌

국내서적

구본자, 맥주제조 기초와 재료의 이해, 글로벌 양조경영학교, 2017.

마크 드렛지, 크래프트 비어 월드, 어젠다, 2018.

백경학, 유럽 맥주 여행, 글항아리, 2018.

서연, 만화로 보는 맥주의 역사, 계단, 2016.

양아름, 집에서 수제 맥주 만들기, 다봄, 2018.

오윤희·원관연, 오늘은 수제맥주, 디스커버리미디어, 2018.

이기중, 크래프트 비어 펍 크롤, 즐거운상상, 2015.

이기중, 맥주수첩: 한눈에 보는 세계맥주 73가지, 2010.

이석현, 우리술 조주사 쉽게 따기, 베버리지출판사, 2016.

이재훈·장지수, 음료서비스실무론, 기문사, 2015.

이재훈 외, 크래프트 맥주 창업론, 미세움, 2019.

조슈아 M. 번스타인, 맥주의 모든 것, 푸른숲, 2017.

해외서적

Andrews, Eric, *Craft Beer*, Createspace Independent Publishing Platform, 2016.

Batler, James Thomas, *Craft Beer Business*, Independently Published, 2023.

Bernstein, Joshua M., Brewed Awakening, Sterling Publishing, 2011.

Bernstein, Joshua M., *The Complete Beer Course*, Sterling Publishing, 2013.

Bloomingdale, Jeff, *Wine & Craft Beer*, Independently Published, 2023.

Boyte, Jennifer, *Craft Beer Tasting Log*, Createspace Independent Publishing Platform, 2018.

Donovan, Mark, *Craft Beer Brewery Guide to All 50 States*, Independently Published, 2020.

Dreisbach, Jens, *Craft Beer*, KOMET Verlag GmbH, 2016.

Ettenauer, Clemens, *Craft Beer Guide & Sterreich*, Holzbaum Verlag, 2017.

Fritsch, Manuel et al., *Craft Beer and Automation*, Independently Published, 2021.

Fuchs, Thomas, *Craft Beer*, Graefe u. Unzer, 2017.

Furgess, David, *Craft Beer Sucks!* Createspace Independent Publishing Platform, 2014.

Goffin, Torsten, *Craft Beer Kochbuch*, Brandstaetter Verlag, 2015.

Guido, Luis F., *Brewing and Craft Beer*, Mdpi AG, 2019.

Harris, Eliza, *Craft Beer Revolution*, Independently Published, 2023.

Hieronymus, Stan, Orsello, S., *Le birre del Belgio*, 2015.

Hindy, Steve, *The Craft Beer Revolution*, St. Martin's Griffin, 2015.

Ingram Padilla, *The Complete Homemade Craft Beer Recipe Book Easy*, Ingram Padilla, 2022.

Jonny Garrett, Brad Evans, *The London Craft Beer Guide*, Ebury Publishing, 2018.

Jeroen Bert, *Craft Beer Brewing*, Lannoo Publishers, 2019.

Michael Jackson, *Beer companion*, 1997.

Oliver, Garrett, *The Brewmaster's Table*, Harpercollins, 2005.

Oliver, Garrett, *The Oxford Companion to Beer*, Oxford University Press, 2011.

Peel, Dan, *Craft Beer*, Sona Books, 2022.

Rankin, Skyler, *Coffee & Craft Beer*, Independently Published, 2019.

Rankin, Skyler. *Hipster & Craft Beer*, Independently Published, 2019.

Richard Croasdale, Hanna, Jonny, *The Craft Beer Dictionary*, Mitchell Beazley, 2018.

Stan Hieronymus, *Brew Like a Monk*, Brewers Pubs, 2015.

Stan Hieronymus, *For the Love of Hops*, 2012.

Stuhler, Elli, Klanten, Robert, *Craft Beer Design*, Die Gestalten Verlag, 2022.

Swinnen, Johan, Garavaglia, Christian, *Economic Perspectives on Craft Beer*, Palgrave MacMillan, 2019.

Topkis, Diane H., *Craft Beer Tasting Journal*, Terre Ventures Publishing, 2015.

Wesley Shumar, Tyson Mitman, *Producing and Consuming the Craft Beer Movement*, Routledge, 2023.

Wilson, Scott, *The Ultimate Guide to Craft Beer*, Independently Published, 2021.

사이트

Ale of a time, https://aleofatime.com

Appellation beer, https://appellationbeer.com

Beer Culture - New York NY, https://Beer Culture.com

BeerScribe, https://BeerScribe.com

Beer Reviews - The latest beer reviews - Most Recent, https://ratebeer.com

Brookston beer bulletin, https://brookstonbeerbulletin.com

Called to the bar, https://maltworms.blogspot.com

Martyn cornell, https://www.martyn cornell.com

Real Ale Craft Beer, https://Tumblr.com

World of beer, https://worldofbeer.com

저자 소개

이재훈

(현) 영진전문대학교 호텔항공관광과 교수

- 경희대학교 대학원 호텔경영학과 박사
- 경희대학교 관광대학 겸임교수
- 신한대학교 호텔외식경영과 외래교수
- 세종대학교 세계경영대학원 외래강사
- 안산공과대학 조리외식과 외래교수
- 경인여자대학 관광학부 외래교수
- 경복대학 외래교수
- ㈜이참 에프앤비 대표이사
- 웨스틴 조선호텔 식음료팀, 구매팀 근무
- 한국호텔구매자협의회 섭외부장
- 호텔관리사 자격 취득
- 조주기능사 자격 취득
- 한국호텔관광학회 이사
- 관광경영학회 이사
- 한국외식산업학회 상임이사
- 조주기능사 자격시험 심사위원(실기, 필기)
- NCS 집필, 감수
- 일학습병행 평가위원
- 과정평가형 평가위원
- 수제맥주, 외식창업 컨설팅, 자문

e-mail: jhlee@yju.ac.kr

이원옥

(현) 서원대학교 호텔외식조리학부 교수

- 세종대학교 대학원 호텔관광경영학과 박사
- 경희대학교 관광대학원 마스터소믈리에
- 와인컨설턴트 전문과정
- 우송대학교 호텔외식조리대학 외식조리학부 초빙교수
- ㈜와인비전에듀케이션 선임강사
- 세종사이버대학교, 한국사이버대학교 강의제작 및 운영교수
- 경희대학교 관광대학원 외래강사
- 세종대학교 외래강사
- 와인전문가자격인증 AWEK(Association of Wine Educators Korea) 트레이닝 강사
- WSET(Wine & Spirits Education Trust) International Higher Certificate in Wines
- 믹솔로지스트 2급 자격 취득
- KFBA 코리아푸드앤베버리지컨티발 와인 심사위원
- 한국관광레저학회 이사
- 한국외식산업학회 이사
- 일학습병행 평가위원
- 과정평가형 평가위원

* 영진전문대학교와 서원대학교에는 수제맥주 양조시설이 갖추어져 있습니다.

저자와의
합의하에
인지첩부
생략

이제 나도 수제맥주가 좋다

2024년 5월 5일 초판 1쇄 인쇄
2024년 5월 10일 초판 1쇄 발행

지은이 이재훈 · 이원옥
펴낸이 진욱상
펴낸곳 (주)백산출판사
교 정 성인숙
본문디자인 신화정
표지디자인 오정은

등 록 2017년 5월 29일 제406-2017-000058호
주 소 경기도 파주시 회동길 370(백산빌딩 3층)
전 화 02-914-1621(代)
팩 스 031-955-9911
이메일 edit@ibaeksan.kr
홈페이지 www.ibaeksan.kr

ISBN 979-11-6567-844-9 03570
값 24,000원